怖くて眠れなくなる科学

竹内 薫

PHP文庫

○本表紙図柄＝ロゼッタ・ストーン（大英博物館蔵）
○本表紙デザイン＋紋章＝上田晃郷

文庫版まえがき

私が最近、体験した怖い話をいたしましょう。

ある日、目覚めると、私は社会から「抹消《まっしょう》」されていました。これまで順調だった私の人生が、呪《のろ》われた人生に一変してしまったのです。具体的にはこんな感じでした。

「もしもし、竹内ですが」

「あ、竹内さん、××銀行の○○です。大変申し訳ありませんが、お勧めした住宅ローンの借り換えの件ですが、お引き受けできないことになりました」

「えええ？　いったい……」

「審査《しんさ》が通らないことが判明しまして……これ以上は、法律上、何も申し上げられないのです」

法律上？　はぁ？　なんともいえない違和感がありました。うまく説明できませんが、悪霊《あくりょう》か何かに取り憑《つ》かれた感覚とでも申しましょうか。翌日になると、今度

は、同じように勧められたクレジットカード会社から電話がかかってきて、

「ご希望に添《そ》えず申し訳ありません」

と告げられました。

携帯電話の機種変更すらできず、同じようなことが何十件も続き、私は自分が社会から「抹消」されかかっていることを自覚しました。

話が長くなるので、端折《はしょ》ってしまいますが、私が携帯電話の本体代金の一部三五〇〇円分を八カ月も滞納し、支払いに応じない、「悪質な事故者《じこ》」として、信用情報機関に報告されていたのです。ゆえに、新規の金融・経済活動は、すべて刎《は》ねられてしまうわけです。悪質な事故？　なんじゃ、そりゃあ！

驚いて携帯電話会社に問い合わせましたが、一カ月たっても、三カ月たっても、たらい回し状態が続き、埒《らち》があきません。ストレスのせいか執筆もままならなくなり、私は真綿《まわた》で首を絞められていきました。たまらず弁護士に依頼したところ、携帯電話会社に内容証明を送りつけ、それでもダメなら、代表取締役に親展《しんてん》で状況を問い合わせてくれることになりました。

結果から申せば、携帯電話会社の吸収合併のタイミングで、私が機種変更をした

ため、システムの「引き継ぎ」がうまくいかず、私のクレジットカードの有効期限の自動更新がこの二カ月分三五〇〇円に限ってなされなかったのです。電波も停《と》まらず、その後の本体代金は引き落とされていたため、私も気づくことができませんでした。

ある日、何の前触《まえぶ》れもなく、社会から「抹消」され、誰からも相手にされなくなってしまう……実をいえば、信用情報は回復されたものの、いまだに「なぜこのような事故が起きたのか」については、携帯電話会社内でも原因が突き止められていないそうです。

高度に科学技術が発達し、誰もが当たり前のようにコンピュータプログラムによる決済《けっさい》を利用しています。そして、巨大なロシアンルーレットのように、あなたの人生を破滅《はめつ》へと追いやる「影」が、何の前触れもなく、あなたに襲いかかる。

もしかしたら、あなたのもとにも、明日、不吉な電話がかかってくるかもしれませんよ……。

二〇一八年十月　竹内　薫

はじめに

科学が怖くなったのは、いつからでしょうか。

小学生の頃、子供部屋のふとんの中で、天井の木目《もくめ》を見ながら、「宇宙には地球と同じ惑星があって、そこには自分と同じ人間がいるのかな?」と想像をふくらませていて、急に怖くなった覚えがあります。

中学生の頃、チャップリンの『モダンタイムス』を見ていたら、機械化された世界で、人間がベルトコンベヤーに追いつかなくて大騒ぎになったり、無理矢理、歯磨きをさせられたりして、大笑いしつつも「なんだか人間が科学技術に負けてて怖いなぁ」と感じた覚えがあります。

そんな怖さのルーツは、科学史をひもとくとわかってくるかもしれません。ガリレオと同じ時代を生きたジョルダーノ・ブルーノは、「宇宙には地球みたいな天体が無数にある」と主張して、異端審問にかけられ、火あぶりの刑に処せられました。

産業革命の直後、工場での過酷な労働条件に抗議し、機械を打ち壊す「ラダイト運動」が起きました。この運動の背景は複雑ですが、そこに科学技術に対する「素朴な怖さ」もしくは「嫌悪感」があったことはたしかでしょう。

私は常日頃、科学や技術の便利さやワクワクドキドキ感を伝える仕事をしていますが、もちろん、科学技術が「諸刃《もろは》の剣」であることも自覚しています。飛行機は便利ですが墜落したら大惨事になります。情報化社会にパソコンやスマートフォンは必須ですが、気がつくと高い料金を払わされたり、目が疲れ、夜もよく眠れなくなったりします。原子力発電で安い電力を使い続けてきた日本は、福島第一原子力発電所の事故を機に、原子力の見直しを始めています。

この本では、そんな科学の「裏の顔」に焦点をあて、何が怖いのか、どうして怖いのかを、様々なトピックスを通じて考えます。もちろん、怖さには個人差がありますから、「こんなの怖くないや」あるいは「他にもっと怖いことがあるゾ」という読者もいるかもしれません。あくまでも私の感じ方の基準で怖い科学を集めてきたものですので、興味がもてないトピックスは、読み飛ばしてくださって結構です。

科学の裏の顔を知ったうえで、いま一度、科学について深く考えてもらいたい。そんな思いでこの本を書きました。

おっと、ちょいと小難しい話になりすぎましたね。反省、反省。まずは、しちめんどくさい理屈は抜きにして、お化け屋敷に行ったり、ホラー小説を読むような感覚で、科学の怖さに触れてみてください。

それではいざ、こわーい科学の世界へ突入！

二〇一二年　雛祭りに　竹内　薫

怖くて眠れなくなる科学

目次

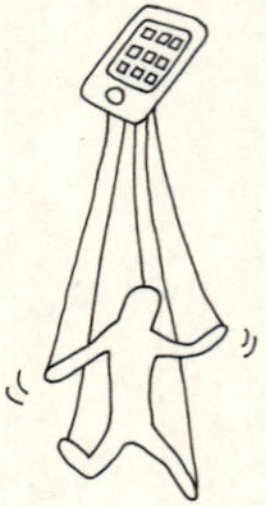

Part 2

病にまつわる怖い話

Part 3

宇宙にまつわる怖い話

Part 4

地球にまつわる怖い科学

Part 5 科学者にまつわる怖い話

兵器、擬似科学エトセトラ

番外編

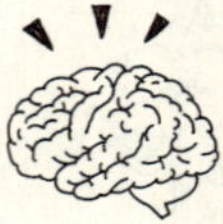

本文デザイン＆イラスト　宇田川由美子

プロローグ

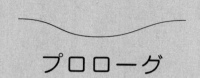

本当は大切な恐怖という感情

そもそも恐怖って？

恐怖という感情はどこから来るのでしょうか。まず最初に、恐怖の科学的な仕組みから入りたいと思います。

恐怖には脳の扁桃体《へんとうたい》が関係しています。恐怖のメカニズムが脳の中でどうなっているか。実は、詳しい経路は完全には解明されていません。ひとつだけわかっているのは、**扁桃体が恐怖を感じるのには不可欠**だということです。扁桃体の扁桃は「アーモンド」という意味です。文字どおりアーモンドの形をした扁桃体が脳内に二つあります。

たとえば、マウスの動物実験で扁桃体を損傷させると、ネコを全く怖がらなくなるそうです。つまり、扁桃体が機能しなくなると恐怖を感じなくなるということです。

人間の場合でも有名な患者さんがいます。人体実験はできないので、病気の患者さんの事例というのがとても重要になるのですね。

二〇一〇年十二月の時点で四十四歳だった女性S・Mさん。彼女は局所性両側扁桃体損傷という病気を患《わずら》っています。これは非常に珍しい遺伝病で、遺伝病の名前はウルバッハ＝ヴィーテ（Urbach-Wiethe）類脂質蛋白《たんぱく》症といいます。

この女性に実験をしたところ、人が怖がっている顔、つまり恐怖の表情を見ても「相手が怖がっていることがわからない」という結果が出ました。

そこで、もう一歩踏み込んで「ヘビやクモを見る」「ホラー映画を見る」「お化け屋敷を訪れる」「過去のトラウマ的体験を回想する」といった状況を体験してもらい、それがどれくらいの恐怖かという質問に答えてもらったそうです。

三カ月間にわたって「いまどれぐらい怖いですか？」と聞いてくるデバイスを携帯してもらい、ランダムに怖いかどうかを尋ねるという実験です。

彼女はクモやヘビが嫌いですが、ペットショップに行くとすぐにクモやヘビを触ってしまいます。その理由ですが、恐怖の概念がないために好奇心に勝てないというのです。人間は、冒険心や好奇心があるので、未知のものを解明したいと考えます。ところがその一方で、それが万が一、自分を攻撃してくる者や動物であったら殺されてしまうという恐怖心がある。常に恐怖心と好奇心のバランスを取っているのです。

うちの子供(〇歳半)が猫を触るときなどを見ていると面白いんです。最初は恐怖心がないから、いきなり近づいてグイッと毛をつかんだりする。そこで猫が怒って子供を手ではたく。次に猫に近づけたら、最初は同じように触ろうとしたのに、フッと手が引っ込んだんです。伸びようとした手を引っ込めたのは、恐怖に近い感情が生じたからだと思います。

つまり、この毛むくじゃらを掴《つか》んでみたいという「好奇心」と、そうすると爪などで攻撃されるという「恐怖心」。乳児でも、この二つのバランスを取る心が発達しているのですね。

人は恐怖があるから身を守る

S・Mさんの場合は、「恐怖」の部分がなくなっているので、好奇心だけで突き進みます。彼女は、決して、PTSD(心的外傷後ストレス障害)にならないのだぞうです。扁桃体が機能しないから、危ない状況を認識できずに危険な目に遭《あ》っているらしいのですが、恐怖を経験しない。そもそも恐怖の記憶がないから、ＰＴＳＤにはならない。

彼女はあるとき薬物中毒らしき男の人にナイフで脅《おど》されました。ところが、そのときも恐怖を感じませんでした。たまたま近くの教会で聖歌隊が歌っているのが聞こえてきたので「自分を殺したら天使が黙っていないわよ！」と言い放ったそうです。すると男は、彼女が全然怖がらないうえに変なことを言うので、たじろいで逃げ出したそうです。

命の危険に瀕《ひん》しているのに恐怖がないから逃げない。このケースでは、たまたま相手の男性が立ち去りましたが、もしそうでなかったら命を落としているわけです。そう考えると恐怖の感情は、人類の進化にとって必要なものであることがわかります。つまり、**恐怖を感じない人は、死ぬ確率が高い**。

恐怖を感じると、縮こまったり、隠れたり、逃げたりする。それができないということは、そのまま危険に向かって歩いていくから、食われたり、殺されたりして、その子孫は残らない。だから、恐怖をしっかりと感じる人たちのほうが、生存の機会が多かったということですね。

ただし、現代社会では、「怖がる人はうまくいかない」という奇妙なことが起きています。

本来なら、「人前で話すのが怖い」というのは当たり前のことです。見知らぬ人たちが大勢で集まっているところでは、彼らが全て敵の可能性もあるわけだし、捕まったり、奴隷にされたり、殺されたりする可能性もある。だから、人前で大声で話すことは危険も多い。

でも、現在は、人前で平気で話せる人じゃないとリーダーになれない。政治家は実によくしゃべりますよね。しゃべっても（一部の国を除いて）暗殺されたりしないから、あれだけよくしゃべるのでしょう。

あるいは**高所恐怖症**。人類の先祖は、おそらくある時期まで樹上生活、木の上で生活をしていたわけですが、あまり高いところに行ったら、落ちたときに死んでしまう確率が高い。だから、「高いところに行きたくない」というのは当然の反応です。高所恐怖症も、やはり生存のために必要な資質なんです。

しかし、現在はお金持ちほど高層マンションに住むし、遊園地でも高いところからジェットコースターなどで落下したりします。

高所恐怖症も、現代社会で都市生活を送っている人間にとっては、あまりお得な資質ではなくなっているんですね。

様々な恐怖症

閉所恐怖症と**広場《ひろば》恐怖症**というものがあります。

閉所恐怖症の場合は、非常に狭いところに追い込まれたら、逃げられないから食われてしまう。つまり、獲物として追い詰められたときに袋小路に入ってはいけないという、生存のためのルールがある。閉所恐怖症は生存に必要な資質でした。

逆にサバンナのような広い場所のど真ん中にポツンといると、獲物から目立ってしまい肉食獣などに食われてしまうから危険です。それが広場恐怖症です。これは閉所恐怖症と相反するわけではなくて、要するに極端なシチュエーションは命を落とす危険が高いということです。そう考えると「○○恐怖症」は、人類が苦労して獲得してきた、生存するために必要な戦略だったといえるでしょう。

それから、**巨大物恐怖症**もあります。これは巨大なものが怖い。おそらくは原始的な感情で、我々の哺乳類の先祖は恐竜が跋扈《ばっこ》していた時代、小さくなって夜行性になって逃げ回っていました。でかいやつが来たら食われる。そうすると、当然大きいものに対する恐怖があってもおかしくないでしょう。ゴジラなどの映画を見ても怪獣は人間よりも大きい。あれは潜在的な恐怖が描かれているのだと思います。

また、とがったものが怖い**先端恐怖症**。これは、とがった物に近づくと怪我をすることがあるわけだから、危険を避けるという意味で本能的なものですね。アルフレッド・ヒッチコック監督の恐怖映画『サイコ』でも、主人公（？）がナイフで女性をめった刺しにするシーンがあります。刺すところは見えなくても、観客は、その状況を想像し、流れる血に恐怖します。白黒映画だから逆に怖さが倍増したのかもしれません。この映画も、人間の先端恐怖症をうまく利用したのだといえるでしょう。

それから**水恐怖症**。水は本当に危険です。日本の年間死亡数の統計（平成二十年）を見ると、交通事故死が七四九九人。転倒・転落が七一七〇人。そして、不慮の溺死《できし》が六四六四人。相当に多い。交通事故に匹敵するぐらいの人が溺れて、亡くなっています。

よくニュースになりますが、川が氾濫《はんらん》して警報が出ている中で様子を見に行って亡くなる人がいます。それは水に対する恐怖心があまりないからです。水を怖がるということは、やはり必要なことです。

以上のように、恐怖という感情は、生きるために必要な感情です。

ただ、どうしても**現代社会は、あまりに安全が確保されすぎているために、怖がっている人はうまくいかない**ような、奇妙な仕組みになっている。大勢の人前で話し、危ないことをあえてするテレビタレントのような人は、お金をたくさん稼げるようになっていますよね。

現代は、きわめて安全な社会になったので、恐怖心を持っていることがマイナスに働く。非常に興味深い状況になっています。

恐怖と似ている肥満の問題

ちょっと脱線しますが、似たような状況としては**肥満症**があります。人間の体は、進化の過程で飢えに対して強くなるように適応しました。つまり餓死する人が多かったから、飢えに対して非常に強くなり、脂肪を体に蓄《たくわ》えるようになったわけです。いつも食べるものがあるとは限らないから、食べたものが脂肪として体に残った人のほうが、食料が乏《とぼ》しくなったときに生き延びる可能性が高い。ところが、現代は飽食の時代になり、食べるのに困らなくなった。そうすると、それが過剰な脂肪となり、ついには糖尿病等にもなってしまいます。栄養を取り込む能力が、かえって仇《あだ》になっている。

かつては、環境に適応していて有利だった資質が、この現代社会においては逆に不利になっています。

つまり、**恐怖や肥満は人類が何万年、何十万年をかけて進化して適応して最適化された体が、ここ数百年の人類社会の劇的な変化についていけないことの現れ**です。

この「文明社会」が数十万年続いて、あるときに元に戻されたら大変ですね。これまでまったく脚光を浴びなかった人たちが生き残り、逆にこれまでは人生を謳歌《おうか》していたタイプの人たちは絶滅するのかもしれませんね。

さて、恐怖の科学的・進化論的な根拠がわかったところで、いよいよ、怖い科学のトピックスへと参りましょう。

Part 1

人にまつわる怖い科学

記憶はウソをつく

記憶はどこまで信用できる?

私たちは、記憶をたしかなものだと考えています。自分が鮮明に覚えていることが「ウソ」だと思う人はいないでしょう。我々はリアルな現実をそのまま記憶に焼き付けている。誰もがそう信じています。

しかし、記憶というのは、実際は大変に危《あや》ういものです。**あなたの記憶の大半は、後から「上書き」されたものなのです。**

記憶の危うさを明らかにした、有名な事件をいくつか紹介していきましょう。ひとつ目は、一九九〇年に、ジョージ・フランクリンというカリフォルニアの引退した消防士が巻き込まれた事件です。

彼は、一九六九年に起きたスーザン・ネイソンという八歳の少女の殺人事件の犯人として告発されました。告発したのは、ジョージ・フランクリンの実の娘のアイリーンでした。「父親は二十年前に殺人を犯した。わたしはそれを目撃したけれど恐怖のあまりに忘れていて、封印していた記憶を二十年後に思い出した」と、突然、言い始めたのです。

ジョージ・フランクリンは六年間刑務所に入り、一九九六年に釈放されました。娘のアイリーンの証言は、当初関係者や警察しか知りえない事実が含まれていると して「事実」と認定されたからです。ところが、その後に様々な学者が調査したところ、アイリーンが語っていた状況は、全て新聞などの報道でわかることでした。

いわゆる犯人しか知りえない状況、目撃者しか知りえない情報はなかったのです。決め手になったのはある新聞の誤報でした。アイリーンの証言にはその誤報が含まれていたのです。

いったいなぜ、実の娘が父親に濡《ぬ》れ衣《ぎぬ》を着せるような行為に及んだのでしょうか? 実は、ここに**「ウソの記憶」が関係している**のです。

アイリーンは催眠療法を受けていました。いわゆる「退行催眠」というもので、子供の頃に戻って何が起きたかをセラピストに話すという心理療法です。

アイリーンの記憶は思い出したものではなくて、セラピストの誘導（意図的ではなかったそうですが）により、植えつけられてしまったものだったのです。セラピストは悪意を持っていたわけではありませんが、結果的にアイリーンにウソの記憶を植えつけてしまい、殺人事件を目撃したと思い込ませてしまったのです。

この事件の裁判は、物証がまったくなく、証言のみで構成されていましたが、ジョージ・フランクリンは、娘のウソの記憶のせいで、六年間も刑務所に入れられたのですから相当につらかったことでしょう。

トラウマは記憶を封印する？

一九八〇年代の米国では、「ある日突然、幼い頃、お父さんに性的な嫌がらせを受けた・レイプされた！」という事件が頻発しました。その結果、刑務所に送られた人も大勢います。当時は、「トラウマの記憶、衝撃的な記憶を人間は封印してしまう」という根拠のない仮説を、多くの人が信じていたからです。ドラマや映画などでもよく見かける設定ですが、実は専門家の一致した意見として、そういう事実は存在しません。

トラウマは、封印するどころか、繰り返し思い出すものです。嫌なことだから反《はん》芻《すう》して記憶に定着する。記憶喪失などを除いて、トラウマを忘れるということはありえませんし、封印されるということを実証した人はいないんです。

現在では、認知心理学の分野で非常に著名なエリザベス・ロフタスという教授が、こういった冤罪《えんざい》事件の証人になり、トラウマの封印を否定したうえで「ウソの記憶」が刷《す》り込まれることがあると述べています。ロフタス教授は、この種の冤罪事件の救世主的な存在なのです。

ロフタスにはこんな研究があります。二四人の大人に、「四歳から六歳のときに何があったかを思い出してください」と依頼する実験をしました。被験者《ひけんしゃ》自らが、親戚のおばさんなどに「私が子供の頃の思い出を四つだけ教えてね」と事前取材したうえで、昔のできごとを思い出すという内容です。

ところが、その四つのうちのひとつはウソがまじっているのです。心理学の実験ですから、ウソの記憶として、ショッピングモールで迷子になったという事件をでっち上げたのです。しかも、信ぴょう性を持たせるために、当時住んでいたところの近くにあるショッピングモールなど、迷子になった可能性があるシチュエーションで話をでっち上げました。

すると、二四人のうち五人が、ショッピングモールで迷子になるという、存在しない記憶を詳細に語ったそうです。この五人はウソをついているのではなく、テレビで見た迷子の映像などをつぎはぎして話を構成して、事実だと思い込んでいました。本当にあったことと、そうでないことの区別がつかなくなってしまったのです。

その後、大規模な研究が多くの心理学者によって行なわれた結果、五〇パーセントぐらいの人は「ウソの記憶」を作ってしまう傾向があることがわかりました。**記憶は変容するし、上書きされるし、勘違いをするもの**なんです。

催眠療法とウソの記憶

ウソの記憶が植えつけられてしまう、もっとも多いケースは催眠療法です。心理的な問題や精神障害などを抱えてセラピストを訪ねるのが発端です。「催眠状態で過去のことを思い出しましょう」と治療される中で、ウソの記憶を持つ人が頻発しました。

なぜ、ウソの記憶が、たとえば「両親から虐待された」という形を取るのかはわかっていません。ただ、セラピストに診てもらうわけだから、もともと精神発達の段階でトラブルがあった人が多くて、その原因を両親に転嫁《てんか》してしまうのかもしれません。

なぜこのような精神状態なのだろうと悩んでいくうちに、あるときウソの記憶として両親からの虐待という説明がピタッとはまるのかもしれません。

続いて、ポール・イングラムという人の事例をご紹介します。一九八八年、警察官であったポール・イングラムは、二人の娘から性的な暴行で訴えられました。この娘たちも催眠療法を受けていました。**この事件の怖いところは、当初は無実を主張していたポール・イングラム自身の態度が、徐々に変わっていき、最終的に犯行の告白を始めたということです。**

しかも、娘たちをレイプしただけではなくて、子供を虐待して悪魔信仰の儀式に参加した、と証言したのです。悪魔信仰の儀式では、赤ちゃん二五人を生け贄《いにえ》にしたと告白して、全米中が大騒ぎになりました。この自白が決め手となって、イングラムは、二〇〇三年まで服役します。

ところが、このケースも物証がゼロだったのです。子供たちの証言だけで裁判は構成されていました。リチャード・オフシーという心理学者が、この裁判の最終過程で、ポール・イングラムを調べました。すると、どうもおかしい。イングラムの記憶はウソではないかと思い、オフシーは、ある実験をしました。

イングラムの娘と息子は、父親の強制により近親相姦の関係にあり、イングラムはその行為を眺めていたというウソをでっち上げたのです。このような事実がないことは事前に息子と娘の証言によって確認しています。偽《にせ》の事実を突きつけられたポール・イングラムは、最初は否定したものの、結局は「わかった。私がやったんだ」と詳細に何が起きたかを告白しました。

この実験によって、ポール・イングラムの告白は、まったく信用ができないということが明らかになりました。これは、彼が住んでいるワシントン州サーストン郡という地域的な事情もあると思います。ここは田舎であり、彼は共和党の地区会長をやっており、それなりに地位のある人ですが、教会なども含めてとても権威主義的な地域なので、上から何かを言われると「そうです」と言ってしまうような心理状況があったのです。

ポール・イングラムは、ウソの記憶が生まれやすい人で、子供たちは催眠セラピーを受けていました。その結果、冤罪が生まれたのです。

この種の冤罪にはひとつのパターンが存在します。子供たちがウソの記憶をセラピストとの共同作業により植えつけられる。告発されて事件になる。大人たちは「子供が言っていることは正しい」という思い込みを持つ。裁判でもそれが通用する。**根拠のない思い込みの連鎖が冤罪を生む**のです。

「子供は正しい」という思い込み

子供の話ではもうひとつ有名な事件があります。

一九八五年に、米ニュージャージー州のウィーケア保育園というところで起きた事件です。ある看護師が病院で四歳の子供の体温を測りました。直腸体温は、お尻の穴から体温計を入れて測ります。すると、その子供が「保育園でお昼寝の時間に先生がやるのと同じだね」と言ったというのです。驚いた看護師は、保育園で大変なことが起きているのではないかと思い、警察に連絡しました。

その結果、マーガレット・ケリー・マイケルズという保育士が、三三人の子供に対して二九九回にわたり、性的な暴行・ハラスメントをしたとして有罪になります。

マーガレット先生が子供たちに何をしたか。ものすごい罪状が並びました。自分の陰部にピーナッツバターを塗って子供になめさせた。子供の陰部にナイフやフォークを差し込んだ。その他、目に余るような行為が羅列されました。

時系列で述べると一九八五年四月に事件が発覚。一九八八年八月、十一カ月にわたる裁判の末、四十七年の実刑判決を受けます。しかし、五年後にマーガレット先生は釈放されます。

いったい、何が起きていたのでしょうか。**この事件は「ウソの記憶」ではなく、「誘導尋問《じんもん》」により引き起こされたもの**でした。

警察官や検察官は、子供たちに「マーガレット先生に何をされたの?」と聞くわけです。ところが、尋問している彼らは、マーガレット先生が悪いことをしたという前提で聞いているから、そのことを子供が話すまで帰さないわけです。子供はだんだん飽きてきます。最初は「知らない」と言っていたのが、そのうちに「フォークを差し込まれた」などと言いはじめました。

この事件もまったく物証はありませんでした。また、冷静に考えればこの先生が一人でこれだけの罪状の行為を全ての子供に対して行なうことのできる（他者や他の保育園児と隔離された）時間はありません。ただ、一種のパニックというか、検察側も「恐ろしいことが起きた。子供を救うためには真実を明らかにしなくてはいけない」というマインドになり、次から次へと尋問をしたのです。

尋問の実際のやりとりを映像で見ると、凄まじいの一言です。

子供にいきなり「あなたのお尻にフォークを入れたの？　違うの？」。

そうすると子供は「わからない。覚えていない」と答える。

すると「ねえ、お願い。答えてくれたら帰ってもいいわよ」と誘導する。

「先生があなたのお尻に何をしたか言いなさい。そうしたら帰ってもいいわよ」。

そうすると子供は「いや」。

捜査官は「お願い」。

すると子供は、根負《こんま》けして「わかったよ」と思い出そうとする。

最後に捜査官が「彼女があなたのお尻に入れたのは？」。

子供が「フォーク」。

最初に「フォークを入れたの？」と子供に聞いているので、子供としては「フォークと言えば帰れる」と考えるわけです。

子供がウソの証言をするはずがない、「子供は正しい」という思い込みが冤罪につながった、恐ろしい事例です。

現在のアメリカの裁判では、あまりにも冤罪が続いたことから、子供に誘導尋問をした場合には証拠採用をしてはいけない、催眠セラピーを受けている人の証言は、証拠として採用しない、ということになりました。しかし、そうなるまでにあまりにも多くの冤罪犠牲者を生んでしまいました。

最新のウソ発見器は信用できる？

記憶の例に見るように、裁判における科学的事実は、まだまだわかっていないことも多く、冤罪を生むこともあります。一昔前のＤＮＡ鑑定も冤罪が多いわけですし、どの段階で科学技術を法律の証拠として導入するかの判断は、とても難しいものなのです。

科学は職人芸のようなところがあります。高い技術の持ち主がある実験に成功する。しかし、それは数多くの知識、最新の機器があってはじめて実現するものなののです。それが現場の警察官などでも普通に使える一般的なテクニック（たとえば簡易麻薬検査キット）になるまでには長い時間が必要です。

しかし、警察や検察は、証拠物件として採用する手段を広げるべく、最新の科学技術をいち早く導入しようとします。それ自体は決して悪いことではありません。非科学的な捜査よりは、最新科学を駆使した捜査のほうがいい。でも、ＤＮＡ鑑定のように科学を信じ過ぎてしまうと問題です。国民の側も「ＤＮＡ鑑定の結果、有罪だ」と言われると、思わず頷《うなず》いてしまう。最新科学の名のもとに人を有罪にすることには、常に冤罪の危険と隣り合わせであることを忘れてはなりません。

ドラマなどによく登場するウソ発見器も科学捜査の代名詞になっていますね。

ウソ発見器は、現在はＭＲＩによる方法が出てきています。**人間の脳の中でどのように血液が流れて、どういう部分が反応しているかを見ることにより、ウソが判定できる**というのです。ただ、ＭＲＩによる方法は、**まだまだ発展途上**です。

通常のウソ発見器とＭＲＩと両方で実験をした場合、ウソ発見器はほぼ確実にウソを見破ることに成功しますが、最新式の脳を直接見るＭＲＩによる方法だけでは、まだ（発見器にかけられている）人にだまされることがあるようです。

将来的には、MRIを使ったウソ発見器の精度が高まるでしょう。現在のウソ発見器は、皮膚の汗や身体の電圧の差といったものを総合的に見るのですが、結局ウソをつくのは脳です。だから、脳の反応をしっかりと調べていけば、ウソかどうかというのはいずれわかるようになると思います。

ただ現在は、脳科学の黎明《れいめい》期だから、脳の動きの中で何がウソで、何がウソでないかが、はっきりとわかったわけじゃない。だから、最新の脳科学によって作られたウソ発見器であるにもかかわらず、実は精度が低いんですね。ポテンシャルはあるので将来的には相当精度が高くなると思いますが……。

科学には限界があります。日々進歩はしていますが、間違うこともあるし、悪い方向に行くときもある。だから「科学」といわれた瞬間に全てを信じるのはやめたほうがいい。**科学の盲信——それこそが何よりも怖いのです。**

自由意志なんて存在しない？

自分の行動は既に決定されている？

私たちは日々、自分で判断して、考えて、生きている——。あなたは、そのことに何の疑いも抱かずに生きているはずです。でも、人間は本当に自分の選択で物事を決めているのでしょうか。これを（昔からの哲学用語で）「自由意志」といいますが、思わず考え込まされる有名な実験があります。

それは一九八〇年代に行なわれたベンジャミン・リベットの実験です。被験者には手首を曲げてもらい、そのときの脳活動を観察するという実験です。この実験では、手首を曲げるときに「準備電位《でんい》」というものが観察されました。準備電位は、体が動くときに先行して起きる脳の活動です。つまり、いつ手首を曲げようと思ったかがわかるのです。

準備電位がいつ起きたか。まずその時間を記録します。次に、被験者本人に「いつ手首を動かそうと思いましたか?」と確認し、その時間を記録します。

その結果、意識的に手首を動かそうと思った三分の一秒前に、準備電位が起きていたことがわかりました。

つまり、こういうことです。あなたは、好きなときに手首を曲げていいと言われる。そして、「はい」と宣言して、いまから手首を曲げる意志を示します。しかし、脳波をみると、自分が手首を曲げようと思ったとき、つまり「はい」と意志表示をする三分の一秒前に、準備電位が起きている。**自分が「手首を曲げる」と意志を固めるより前に、潜在意識においては手首が曲がることが決定されている**ということです。

アルバロ・パスカルレオーネが行なった、似たような実験があります。実験では「右手を動かすか、左手を動かすかをランダムに選んでください。どちらでもいいので、好きなほうの手を動かしてください」と被験者に語ります。

そういいながらも、実際には脳に磁力をかけて、右半球か左半球かどちらかを刺激する。普通ならば、右利きの人はだいたい六〇パーセントの割合で右手を動かします。ところが右脳を磁場で刺激すると、八〇パーセントの人が左手を動かすそうです。左手を支配している右脳に刺激を与えると、知らず知らずのうちに左手を動かしてしまうんですね。

問題は、被験者は、自分の自由意志で動かす手を選んだと思っていることです。**被験者は、操作されていることに気づいていない・気づけないわけです。**

電磁波で人の行動を操れる装置？

相手の脳を刺激して、電磁波で刺激するということは、携帯電話にその装置をくみ込めば、たとえば「店に入らせる」とか、「商品を買わせる」とか、人の行動をある程度操《あやつ》れるかもしれません。これは、かなり怖いことです。

脳科学の発達により、自由意志が生じた瞬間よりも以前に、意志が決まっている・行動が決まっていることがわかってきました。つまり、脳を完全にモニタリングしていれば、その人がどういう行動を取るかが事前にわかるんです。また、電磁波などによる刺激により、本人の知らぬ間に、行動や選択に影響が与えられてしまう。

なんだか、不気味で怖い脳科学のお話ですよね。マッドサイエンティストに悪用されないように祈りましょう。

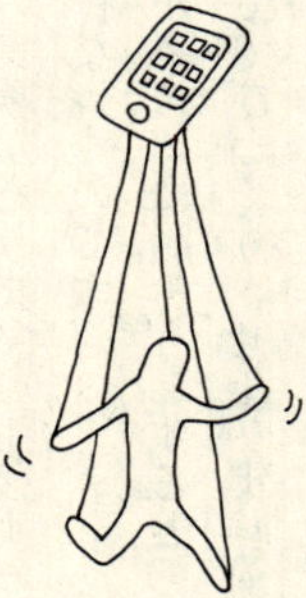

恐怖の実験エトセトラ

ネズミと恐怖を結びつけた実験

ジョン・ワトソンという心理学者が行なった恐ろしい実験があります。生後十一カ月の幼児アルバート君に「恐怖条件付け」の実験を行なったのです。

アルバート君に白いネズミを見せる。アルバート君がネズミに触ろうとすると、彼の背後で鋼鉄の棒をハンマーで叩き、大きな音を立ててびっくりさせる。実験前は、アルバート君はネズミを怖がってはいなかったのですが、実験後の彼は、ネズミだけでなく、ウサギや毛皮のコート、毛のある生き物などに恐怖心を抱くようになりました。

ワトソンは、**大人の不安や恐怖は、こういった幼年期の経験に由来する**と主張しています。パブロフの犬と同じで、ネズミそのものは怖くないのだけれど、ネズミとセットで鳴った轟音《ごうおん》に驚いたことで、そのうちに、轟音がしなくても、条件反射的に、ネズミを見るだけで怖がるようになった、というのです。

もっとも、**この実験の最大の問題点は、十一カ月の子供に恐怖を植え付ける実験を行なっていること**です。恐怖心の検証よりも、実験をしている先生のほうがよほどマッドサイエンティストっぽくて怖い。ワトソンは一八七八年生まれで一九五八年に亡くなっていますが、現在であれば、こんな実験をすれば幼児虐待で捕まっているでしょう（大学の倫理委員会も通らないでしょう）。

ワトソンは、行動主義心理学を提唱しています。基本的に、行動というのは、何か刺激があると反応する。そういった実験を通じた研究を続けていくわけですが、彼は「一ダースの乳児と適切な環境さえあれば、才能、好み、適性、先祖、民族、遺伝等とは関係なしに、医者、芸術家、泥棒、乞食まで、どんな人間にも育て上げることができる」と豪語しています。うーん……、やはり現在の基準からいくと、マッドサイエンティストですね。しかし、ワトソンは一九一五年にアメリカ心理学会の会長になっています。百年程前にはこういう実験は、幼児虐待とはみなされず、最新科学として許されていた、ということです。

科学は、社会の側が成熟して「そういう科学は許されない」というふうに伝えな

いと、何でもありになってしまう恐れがあります。

科学者は好奇心が異常に強い人々なので、科学の内部から告発することは難しい。ですから、そういった歯止めは、外部の人間がやらなくてはいけません。そういう役割は、特にジャーナリストやノンフィクション作家といった人たちが担《にな》う必要があります。

責任をなくすと人間は変わる

こんな怖い実験もあります。有名なミルグラムの実験です。

電圧をかけて痛みを与える実験です。被験者は四〇人。そのうち二五人が、四五〇ボルトまで電圧を上げていく。表向きは、教師と生徒と実験者という役割があります。生徒は生徒だけの部屋に入り、実験者と教師は別の部屋にいて、インターホン越しに声だけ聞こえるようになっています。

生徒は問題に答えます。「教師」は、回答を間違えた「生徒」に電気ショックを与えます。そして実験者は、電気ショックを与える教師に、生徒が間違えるたびに電圧を上げるように指示するのです。

誰が実験されているかというと、実は教師役の人なのですね。生徒役と実験者はグルで、実際に電流は流れていないんです。実験者が教師役の人に「いま、生徒が間違えたから、電圧を上げてください」というと、教師が電圧を上げて生徒に電気ショックを与える。生徒役の人は演技をして痛がるわけです。生徒が苦しむ声も、実は録音されたものです。

実験の最中には、権威のある博士らしき男が現れて、強く進言します。「一切の責任は教師役にありません。責任は大学が取ります」。こうやって、実験を継続したところ、教師役の全員が三〇〇ボルトまで電圧を上げました。さらに、六〇パーセントが、最大電圧の四五〇ボルトまで電圧を上げ続けたということです。

自分の操作により、生徒役の被験者が酷《ひど》く苦しんでいるにもかかわらず、**自分に責任がなく、権威的な存在が出現したせいで、倫理観など吹っ飛んでしまう**んですね。

この実験の企画理由は、ヒトラーの虐殺について心理学的に分析するためでした。ヒトラーは、優生思想に基づいて多くのユダヤ人を虐殺しましたが、虐殺にかかわった人々が、本当に「命令されたから」という理由だけで虐殺を行なったのか……。つまり、人間は命令されたらどこまでやるのかをたしかめる目的でした。

実験の結果、**命令されたら最後まで従う人が六〇パーセント**であることがわかったのですね。かなりのところまでは指示に従うけれど、良心の呵責《かしゃく》に耐えられなくなって離脱する人が四〇パーセント。驚いたことに、最初から命令を断る人や早々に離脱する人はいませんでした。

この実験の場合は、「心理学の実験である」と最初から宣言されているので命令に背《そむ》くこともできますが、命令にがんじがらめの軍隊に入れられて、言うことを聞かなかったら自分がひどい目に遭《あ》うような状況下であり、周囲も命令に従っている場合、おそらく、ほとんどの人が虐殺に手を貸してしまうのでしょう。

人間は、もともと怖い性《さが》の持ち主なのです。

Part 2

病にまつわる怖い話

脳を切除するロボトミー手術

脳を切除して治療する？

エガス・モニスという怖〜い医者がいました。ポルトガルの政治家、医者、神経科医。彼は悪名高いロボトミー手術の発案者で、なんと一九四九年度のノーベル生理学・医学賞の受賞者でもあります。授賞理由は「ある種の精神病に対する前頭部大脳神経切断の治療的意義の発見」でした。

ロボトミーは、統合失調症の治療のために前頭葉《ぜんとうよう》の一部を切除する治療法でした。現在では、人格を完全に破壊してしまう手術として否定されていますが、むかしは非常に有効だとされていたので、ノーベル賞をもらったのですね。科学や医学の定説は、時間がたつと変わってしまうことがあります。ノーベル賞ですら、間違うことがあるわけです。

モニスは面白い経歴の持ち主です。生まれが一八七四年。一九〇三年から一七年までは国会議員を務めて外務大臣にもなっています。その後、一九四四年までは、リスボン大学で神経学の教授をやります。一九二七年にはX線を使った「脳血管造《ぞう》影《えい》法」を開発した、しっかりとした神経学者だったのです。

モニスは、一九三六年に同僚と一緒にロボトミー手術を実際に行ない、これが（なぜか）アメリカに伝わって、広まりました。アメリカで、フリーマンとワッツという人がモニスの方法を「改良」して、誰でも簡単にロボトミー手術ができる方法を開発したのです。アイスピックみたいなものを使って、鼻の上あたりに尖《とが》った器具の先端を差し込んで、脳をグイグイとかき混ぜて「治療」します。

手術を受けると、患者は暴れなくなりますが、そのかわりに人格が失われて無気力になり、感情の起伏もなくなり、まったくの別人格になる。これは本当に非人道的なものです。ロボトミー手術は、映画化もされて有名になったベストセラー小説『カッコーの巣の上で』（ケン・キージー著）で告発されたこともあり、一九七五年にはまったく行なわれなくなりました。

モニスは、六十五歳のときに元患者に銃撃されて脊髄《せきずい》を損傷してしまいます。モニスは、マッド・サイエンティストの典型に思われますが、いまだにノーベル賞は取り消されていません。ノーベル賞のサイトに行くと、言い訳のような説明文が書かれていますが、歴代の受賞者の中にはしっかりと名前が並んでいます。当時の一流の医師や科学者が彼を褒め称《たた》え、表彰したわけです。

科学には限界がある

一九四九年というと、第二次世界大戦が終わってまだまもない頃なので、こういう行為が平然と行なわれたのかもしれません。ただ、現代でも同様のことはおそらく起きているんです。いまは画期的な治療法と思われているものが、半世紀後には、マッド・サイエンティストの所業という評価を受けることもあるでしょう。残念ながら、科学技術も医学も、後世にならないとわからない場合があるんですね。

人間は、近視眼的というか、自分の同世代、同時代の状況は見えません。「自分には見える」と思いがちですが、やはり誰にも見えないんです。実際、**科学技術の「将来予測」の八割ははずれる**、という統計もあるくらいです。まるで株価予想みたいですね。後から検証してみると、専門家であっても、二割しかあたらないんです。

ロボトミーのような過去の悲惨な出来事を見ると「なぜ気がつかなかったのだろう」と思いますが、それは後付けの説明に過ぎません。それが科学の——そして人間の限界なんです。

それにしても、エライお医者さんに、手術台に固定され、目にアイスピックが近づいてくる……なんとも怖い光景ですね——。

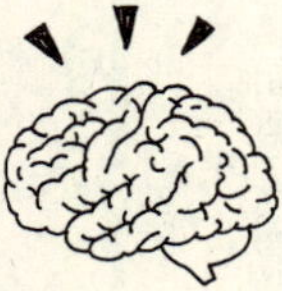

人食いバクテリアの恐怖

致死率三〇パーセントの恐怖の細菌

人食いバクテリアという怖〜い生物がいます。バクテリアは細菌のことですが、人食いバクテリアには多くの種類があります。たとえば連鎖球菌《きゅうきん》。A群連鎖球菌による「劇症《げきしょう》型A群連鎖球菌感染症」は、一九九四年にイギリスの週刊誌が取り上げて話題になりました。

このバクテリアに感染すると、最初は手足がうずくような痛みを感じるだけですが、数十時間たつと臓器不全や手足の壊死《えし》で死亡します。致死率は三〇パーセントです。**一命をとりとめても、患部を大きく切除しなくてはならなかったりして、重度の後遺症が残ることが多い**んです。

球菌は、我々が普通に持っているものです。たとえばのどや皮膚。咽頭炎《いんとうえん》という子供がよくかかる病気の原因でもあります。デンマークの研究では、約二パーセントの人は、A群連鎖球菌のキャリア――つまり症状は出ていないけれど菌を持っているそうです。咽頭炎、扁桃炎、それから皮膚のおできの原因でもあるらしい。でも、ふだんは、「のどが痛い」とか「おできができちゃった」という程度で、重傷になることはありません。

では、どういうときに劇症型になるか。それが、まだわかっていないんです！我々のまわりにウジャウジャいて、ふだんはさしたる悪さもしないのに、あるとき突然、怒り狂ったかのように人を襲って殺してしまう。原因がわからないだけに、自分や家族が罹《かか》ったらどうしようと思うと、背筋がゾッとします。

どれくらいの頻度《ひんど》で発症するのか？　なんと、日本だけでも、毎年五〇人ぐらいの人が発症しているというから驚きです。

この菌が出す毒素が、我々ののどにいる連鎖球菌とは違う毒素を出して、それで体がやられるのだろうと推測されています。

それから宿主《しゅくしゅ》である人の体質も関係している可能性があります。その毒素に対して弱い人と強い人がいるのです。でも、詳しいことはまだわかっていないのです。

ギロチンを科学する

ギロチンは人道的な処刑法？

人類は、数多くの残酷な処刑法を開発してきました。なかでも一番有名なのはギロチンでしょう。

十八世紀に起こったフランス革命では、大量に人の首を落とさなくてはいけなくなりました。フランス革命を起こした市民たちは、それまでの王侯貴族とは違う、**「科学的、医学的に苦痛の少ない方法で首を切る」ための手段**を模索します。それがギロチンだったのです。

実際には、一人ひとりの首を刀で落としていては大変なので、大勢の首を早く切る方法としても必要だったのでしょう。ギロチンは、「一瞬首がチクっとするだけで痛みはない」とされています。

ギロチンを開発したのは、ジョゼフ・ギヨタン。ギロチンはギヨタンの英語読みなんですね。ギヨタンは内科医で、国民議会の議員でした。当時は、死刑囚の手足などを鉄の棒でうち砕き、車輪にくくりつけて死亡するまで放置するという車裂《ざ》きによる死刑が主流だったので、それに比べればギロチンは人道的だといわれていました。

また、ギロチンが出てくるまで、フランスには一六〇人の死刑執行人と、三四〇〇人の助手がいましたが、ギロチンが導入された後の一八七〇年には、執行人は一人、助手が五人。この六人でフランス全土の死刑を一手に引き受けていたそうです。なんだか、産業革命で機械が導入されて、人力が必要なくなったのに似ていますね。

しかし、ギロチンは、とにもかくにも効率のいい死刑の方法だったということです。ギロチンが本当に科学的で人道的であったかというと、これは検証が難しいところです。誰もが学校の化学の時間に教わる、ラボアジェという化学者がいます。「近代化学の父」と呼ばれるラボアジェは、質量保存の法則や燃焼が「酸化」であることなどを発見しました。しかし、そんな天才も断頭台の露《つゆ》と消えました。どこまで事実かは確証がありませんが、ラボアジェは、「ギロチンで処刑されて、自分の首が落ちた後に意識があるかどうかを見ていてくれ」と周囲の人に頼んだそうです。「もし自分の意識があったら、自分はその受け答えをする。話すことはできなくても、目で合図をする。首を切られてから、可能な限りまばたきを続ける」と宣言しました。処刑の当日、ギロチンで首を切り落とされたラボアジェは、実際に何回かまばたきをしたそうです。あれ？　首を切り落とされても意識が残ってるじゃん！　全然、人道的じゃない！

ただ、いまみたいに動画で撮影したわけじゃありませんし、このエピソードだけでは証拠になりません。ラボアジェの処刑に立ち会った目撃者が書き残しているものには、そういう記述がないのです。科学史の観点からは、伝聞による二次情報だけで、当事者による一次情報がありません。ですから、この話は後世に創作されたエピソードなのかもしれません。

この「ラボアジェの実験」は、再現するわけにはいかないので検証不可能です。あくまで推測するしかありませんが、首を落とされると、急激に血圧が降下するわけですね。**人間は、血圧が急に下がると意識を失います。だから、首を切られた瞬間におそらく意識を失うはずです**。仮に数秒間は意識があったとしても、それを伝える方法は、まさに「まばたき」くらいしかありません。

首だけの状態では、話すこともできないし、口もほとんど動かせないでしょう。

血が抜けていくわけですから、脳の中を血液が循環しなくなる。そうすると、脳は機能しなくなるので、**すぐに脳死と同じような状態になるはず**です。でも、本当のところは、実際に首を切られた人にしかわからないのです。自分の首が落ちて、世界がぐるりと回って、覗《のぞ》き込む処刑人と目があった。何か言ってやろうと思っても口が動かない。せめて、ウインクでもしてやれ……おお、想像するだけで、なんだか怖っ！

人類の処刑の歴史

ギロチンには、他に次のような逸話《いつわ》もあります。

同じくフランス革命で処刑されたシャルロット・コルデーという女性は、ギロチンで首を切られた後に、死刑執行人の助手にその顔を叩かれたそうです。その際、コルデーの顔は紅潮して、助手に「怒りのまなざし」を向けたそうです。ただし、処刑の時間が夕方だったので、夕日の照り返し、あるいは血がついたから紅潮したように見えたのではないかともいわれています。いずれにしろ、処刑人も「しまった」と思ったのではないでしょうか。仕事で首を切ってるだけなのに、恨まれて呪《のろ》いでもかけられたらたまりません（非科学的ですみません）。

ギロチンについては、一九〇五年にボーリュー博士という人が論文を書いています。博士は、ある死刑囚が処刑されるとき、「首を落とされた後に呼びかけるから、そのときはまばたきをするように」と依頼しました。

その死刑囚は、首が落ちてから数秒後に呼びかけられると、数秒だけ目を開けて、医師を直視して、また目を閉じたそうです。そして、一度のみならず、二度目の呼びかけにも応じたけれど、三回目以降は目を開かなかった。

ただし、この話にも異論はあり、単なる筋肉の痙攣《けいれん》なのではないかと唱えている人もいます。個人的には、筋肉の痙攣なら、もっと多くの「まばたきをした」という報告が残っていそうなので、「意識が数秒の間続く」という説にも説得力があるように思います。

比較的最近では、一九五六年にフランスの議会により実験が行なわれています。**首を切られた人の、瞳孔《どうこう》の反応と条件反射を確認したところ、死後十五分程は反応があった**そうです。瞳孔の反応と条件反射は、意識があることとは別で、あくまでも死んでいるかどうかを見るものですが、十五分というのは、かなり長い時間ですね。この場合、いったい、いつの時点で「死んだ」ことになるのでしょう。

仮に数秒であっても、「自分の首が落ちた」とわかった状態で意識があると考えると、ギロチンはあまり人道的とは言えない処刑法です。フランスでは一九八一年の九月に死刑制度が廃止されるまで、ギロチンによる処刑が行なわれていました。

もっとも、日本のような絞首刑やアメリカなどの電気ショックによる死刑が人道的なのかというと、そうでもありません。絞首刑の死因は、首が締まることによる窒息《ちっそく》ではなく、首の骨折なのです。また、電気ショックも一回では成功せずに生きている人がいるわけで、やはり人道的とはいえません。

以前、小説を執筆するために古今東西の処刑法をリサーチしたことがあるのですが、人類の処刑の歴史は、残忍の一言に尽きます。いまでも慣用句として「あいつを八つ裂きにしてやる」といいますが、実際に馬を何頭も使って、人間の体を八つ裂きにして処刑していた歴史があります。それは、かなりショッキングな光景だったことでしょう。

あるいは、地面に垂直に立てた「棒」を使って、人間を串刺《くしざ》しにする処刑法もありました。人間の背丈程度で、先端を丸くした「棒」を地面に立てて、手の自由を奪った囚人を裸にして、肛門から棒に突き刺すのです。すると、囚人は、自らの体重によって、じわじわと棒に串刺しにされていくのです。囚人は必死になって、足で体重を支えますが、汗で滑ってしまい、緩慢《かんまん》な落下を食い止めることはできません。断末魔《だんまつま》の苦しみの末、棒は腸を突き破り、胃を貫通し、最後には口から棒の先端が出てしまう……こ、怖すぎる光景だ！

自殺をする機械を発明した医者

アメリカの病理学者で「死ぬ機械」を発明した人がいます。ジャック・キボキアン（Jack Kevorkian）。彼は、安楽死の機械を発明しました。

この自殺装置は二種類あり、タナトロンとマーシトロンという名前がついています。タナトスというのはギリシア語で死という意味です。タナトロンは、つまり「死ぬ機械」ということです。それから、マーシトロンは mercy、つまり慈悲。「慈悲の機械」という意味です。

タナトロンは、薬物を使います。まず患者に点滴装置を取り付けて、生理食塩水の点滴をする。患者自身がスイッチを押すと、一分後にチオペンタールの点滴が始まります。チオペンタールが体に入ると、患者は意識を失い、こん睡《すい》状態になる。その後に自動的に塩化カリウムの点滴が始まり、最終的に患者は心臓発作で死に至ります。

　実際にこの機械を使って、がんの末期患者が二人、自殺をしました。キボキアン博士は安楽死だと主張しましたが、ミシガン州がキボキアン博士の医師免許をはく奪。薬を入手できなくなったため、タナトロンは、それ以降使われなくなりました。ちなみに、この機械の製作費用はたったの三〇ドルだそうです。

　もう一台のマーシトロンは一酸化炭素中毒を利用します。一酸化炭素が入ったシリンダーに接続されたマスクを患者がかぶって、バルブを開いて一酸化炭素中毒で死ぬ。これも意識を失った後の死ですから、キボキアンは安楽死だと主張していますが、医師がこういう機械を作って提供することが倫理的に許されるのか、大変な論争を巻き起こしました。

　キボキアンは、二〇一一年の六月三日に亡くなりましたから、つい最近まで生きていた人です。**死刑の方法、安楽死の方法は、科学や医学のグレーゾーンで、どの方法であれば苦痛が少ないのかは難しい問題**だといえるでしょう。

ヒトラーが信じた優生学

優生学とは？

優生学は、ナチスドイツの蛮行《ばんこう》で有名になりました。**優生学は遺伝的な素質により人間の優劣を判断して、劣った遺伝子を排除しようと考える怖い学問です。**

始めた人は、フランシス・ゴルトン。彼はあのチャールズ・ダーウィンのいとこにあたります。ダーウィンの『種の起源』を読んで影響されて、なぜか優生学という方向に行ってしまいました。

ゴルトン以来、優生学を主張する人は大勢いました。たとえば、電話を発明したアレクサンダー・グラハム・ベル。ベルはマサチューセッツ州のマーサズ・ヴィニヤード島というところに、耳があまり聞こえない人やしゃべることができない人の比率が非常に高いことから、聴覚障害は遺伝するという結論に達して、聴覚障害の遺伝を持った人との結婚を避けることを奨励しました。典型的な優生学の考えです。**遺伝的な素質、形質というものをなくそうという行為は、全て優生学です。**

そして、アドルフ・ヒトラー率いるナチスドイツ。彼らは様々な人体実験を行ないました。一九三〇年代～四〇年代にかけて、ナチスドイツは優生学の考え方に基づいて「不適格な人間」を定義し、数十万の人に対して、強制断種、それから強制安楽死を行ない、最終的に数万の人々を殺害しました。

また、アメリカでも、一八九六年のコネチカット州から始まったようですが、癲《てん》癇《かん》や知的障害を持っている人の結婚を制限するような法律がありましたし、日本でもハンセン病の方に対して、子供をつくってはいけないという政策を取りました。ハンセン病の人は、子供が産めないように断種の対象になっていて、なおかつ強制的に堕胎《だたい》させられていました。

母体の保護を目的に堕胎などについて規定した法律「母体保護法」は、一九九六年に改正されるまで「優生保護法」という名称でした。優生学は全世界で様々な形を取りながら生き残ってきたのです。

優生学は形を変えて復活する

精神病や精神薄弱の人も、優生保護法では断種の対象になっていました。一九九七年に法律が改正されましたが、わずか二十年程前までこの法律が存在しました。そして、現在はまた別のものが、形態を変えた優生学になりつつあります。遺伝子に関する知識が飛躍的に高まったことで、子供がどういう病気を持っているかを事前診断できるようになりました。そこで倫理的な問題が生じています。

遺伝子の検査で、お腹の中の胎児が遺伝病を持っているかどうか、ある程度スクリーニング（選別）ができる。これはとても繊細な問題です。もし、致死的な病気であった場合、生まれてきた子供が苦しむことが事前にわかります。「それならば堕胎しましょう」という話はありうる選択です。

最近では、両親ともにある種の遺伝的なタイプであり、その子供が遺伝病になる可能性が高い場合はテストするケースがあります。たとえば、テイ＝サックス病という先天異常の病気があります。この病気をもつ新生児は、六カ月までは普通に成長しますが、その後、精神と身体の成長が著《いちじる》しく衰え、視聴覚に異常が出て、食べ物も飲み込めなくなり、五歳までに死亡するケースが多いようです（二十歳や三十歳になってから発病するケースもあります）。

両親がテイ＝サックス病の場合、子供もテイ＝サックス病になる確率が高いので、その検査を受けたほうがよいのです。この場合は人工授精で受精卵をつくり、細胞分裂した段階で細胞を取りＤＮＡを調べます。そして、受精卵にテイ＝サックス病の遺伝がなければ、その問題がない受精卵をお母さんの子宮の中に戻します。つまり、「命を選択」しているわけです。

胎児の先天異常の早期発見のための手段としては、妊娠八週以降の母体の血から胎児のＤＮＡを調べる、胎盤の絨毛《じゅうもう》を採る、羊水検査をするなど様々な手段があります。

あくまでも、両親と生まれてくる子供の幸せのために行なう検査ですが、優生学を助長する恐れも皆無ではありません。

たとえば、ある人が遺伝的な病気を持っているとします。そうすると、その両親も五〇パーセントの確率でその病気を持っている可能性があります。それから自分の兄弟も五〇パーセントの確率で持っているし、自分の子供たちも五〇パーセントの確率で持っている。

そのときに検査をして致死的な遺伝病を持っていることがわかったとき、「それを誰に知らせるか」という問題が出てくるんです。

その事実をまったく知らない、特に知りたいとも思っていない親族たちも、確実にある確率で自分と同じ病気である可能性がある。それを医師は知らせるべきなのかといったジレンマがどうしても出てきます。個人情報の保護という観点、プライバシーの問題もあるでしょう。あるいは親族だけなら良いかもしれませんが、保険会社から情報を照会されたときにどう答えるのか。

本来であれば、そういう病気を持っていたとしたら、生命保険に入れないわけですよね。医師はその情報を保険会社に提供すべきなのか。なにしろ、そういうスクリーニングで引っかかったとき、情報を手に入れた生命保険会社は、その親族が高い確率でその病気になることがわかってしまうわけです。

あるいは、会社に入社するとき、この人を採用してお金をかけて訓練しても、遺伝的に早く死んでしまう可能性があるとわかったときに、企業はその人を採用するでしょうか。リスクヘッジを考える企業からすれば、欲しい情報となるでしょう。

本来は、人間の幸福に貢献するはずだった病気治療や早期発見の技術の発展ですが、社会と完全に切り離せないために、常に優生学的な問題点が出てくるんですね。

優生学と健康保険

アメリカでは恐ろしい議論があります。日本は国民皆《かい》保険制度ですが、アメリカはそうではありません。オバマ大統領(当時)が保険制度を改革しているわけですが、そのときに必ず優生学的な問題が出てきます。

遺伝的な病気を持っている人がいるとします。それをわかっていて子供を産み、その子供が遺伝的な病気を持っていた。「事実を知りながらも子供を産むのは自己責任なのだから、なぜ税金でその子の健康保険にお金を出すのか。我々には関係ない」という議論がアメリカでは出てくるでしょう。

日本では、そういう議論はないと思います。国民皆保険制度は当たり前で、病気に苦しんでいる人、難病の人を税金で助けることに国民の同意が得られているからです。

でも、アメリカは個人主義が非常に強い国なので、税金は無駄なく使うべきで、そのときに何が無駄であるかという議論があるのです。そのときに、優生学的な発想が必ず復活して、「国民的に遺伝子の検査をしよう。そうすれば、遺伝病を抱えた子供が生まれることは減る。そうすれば税金も無駄にならない」という議論になるかもしれません。

優生学は差別に加担する

こんな乱暴な議論もありました。一九六〇年代、男性を決める染色体《せんしょくたい》であるY染色体を余計に持っている男性は「マッチョ」であるから、それが多いということは「マッチョ＝乱暴」であり、犯罪者になる確率が高いといわれていたんです。現在ではその結果は覆《くつがえ》されていますが、当時刑務所に入っている人を調べたところ、Y染色体に異常がある人が多かったという研究があったんですね。これも完全な優生学ですね。

それからうつ病。うつ病も遺伝的な要因があると長い間いわれてきましたが、現在はそこまで明確な要因があるとは考えられていません。統合失調症も同様です。

それから、ホモセクシュアルも遺伝で決まるといわれていた時期がありましたが、最近は定説ではありません。

こうやって見ていくと、**人類は、どうしても優生学的な傾向へと走りがちなようです。** そして、その傾向が行きすぎたときに社会的な問題が引き起こされて、差別の問題が表面化する。そうすると、法律が改正される、あるいは新しい研究結果により反駁《はんばく》されることで優生学的な考え方が衰える。ただし、優生学はまた形を変えて出てくるんです。

有名な科学者でも、将来の人類は、自分の子供を遺伝的に設計してスーパー人類が生まれるということを無邪気に語る人もいますが、それは完全に優生学的な発想です。

怖い優生学は繰り返し登場します。 私たちは注意深くならないといけません。気がつかないうちに、私たちは差別の構造に加担してしまうんです。

強毒性インフルエンザの恐怖

新型インフルエンザは危ない？

二〇〇九年、新型インフルエンザが大騒ぎになりました。振り返ると、あのウイルスは季節性インフルエンザと同じぐらいの死亡率だったので、そこまで大騒ぎする必要はなかったように思えます。なぜ、あのような大騒ぎになったのでしょうか。

それは、インフルエンザの仲間には「H5N1型」という化け物がいるから――。それが恐怖の源泉です。世界中の研究者が、「H5N1型」を警戒しています。その理由は、死亡率がとても高いからです。そもそも、インフルエンザって奴《やつ》は、鳥の世界からやって来るもの。しかし、鳥の病気が直接人間に来ることは少なくて、たいていは鳥から豚《ぶた》に感染します。そして、豚から人間に感染するのです。

一九一八〜一九一九年にかけて、世界中で「スペイン風邪」が流行して数千万人が亡くなりました。これも実はインフルエンザだったのですが、当時は、インフルエンザではなくて「風邪」と考えられていました。しかも、スペイン風邪は弱毒性でした。毒が弱かったのです。それなのに大勢の人が亡くなりました。そして、**「H5N1型」は、スペイン風邪よりもはるかに怖い強毒性**なのです。

弱毒性と強毒性の違いについて説明しましょう。

弱毒性は、呼吸器の炎症を引き起こします。のどが痛くなり、鼻が詰まります。そして気管支炎になり、ひどい場合は肺炎になる。ダメージを受けるのは呼吸器系だけですが、それでも人は死ぬことがある。ところが**強毒性は、呼吸器以外の全身にウイルスが取りついて出血します。**全身が攻撃されるので致死率が高いんです。

一週間で世界中に拡大？

かつては、どこかで疫病《えきびょう》が流行しても地域で封じ込めることが可能でした。ところが、現在は飛行機による交通網が発達しているので、一週間以内には地球の裏側から、ウイルスに感染した人間がやってくる。そして、これを食い止める水際《みずぎわ》作戦は、ほぼ不可能です。なぜ、空港で食い止められないのでしょう？

疫病が判明して、感染が広がっているとわかった時点では、もうすでに誰かが移動しているからです。世界のどこかで、新型インフルエンザ「H5N1型」の流行が明らかになった時点で、誰かが飛行機でもう日本に来ている。それくらい現代人の移動は速いのです。

以上のような意味で、二〇一〇年のインフルエンザ流行時に行なわれた空港の体温検査などは、まったく効果がないと主張する研究者さえいました。

新型インフルエンザ「H5N1型」が流行すると、最悪の場合は六四万人から二一〇万人が死亡すると想定されています。これは日本だけの死亡者で、日本のGDPの実に四パーセントが失われる恐れがあります。

それでは、どのような対策が講じられているのでしょうか。「H5N1型」の場合、厚生労働省が予防のためのワクチンを準備し、一〇〇〇万人分規模の備蓄をしているそうです。しかし、一〇〇〇万人規模のワクチンの使用優先順位は、まずは医師と看護師。つまり、医療従事者です。病院で働く人たちの優先は当然ですね。

それから、国会議員と役人も優先的に予防ワクチンを打ちます。残念ながら我々にワクチンは回ってきません。

残りの一億人以上への対応として、厚生労働省は発症後にタミフル（あるいはその他の抗《こう》ウイルス薬）を服用することで対応しようとしています。ただ、ウイルスは突然変異を起こします。そして、**タミフル耐性を持った（タミフルが効かない）ウイルスも出てきてしまいます**。「H5N1型」に関しては、まだ人間界では広まっていないので、当初はタミフルで対応できると予想されていますが、実際にどうなるかはわかりません。これはいたちごっこで、ウイルスが耐性を持つことは、当然起こりうるのです。

日本の予防策はどっちつかず

「H5N1型」に関しては、現在は「H5N1型の鳥インフルエンザ」と呼ばれています。まだ「鳥のあいだ」でしか感染が広まっていないからです。

ただし、鳥から人間に感染することもありえます。豚を介さずに、人間に感染するという事例も数多くたしかめられているからです。ただ、人間から別の人間に感染したという例は未だありません。いや、疑われる例はあるらしいのですが、途上国はデータを隠しますし、少なくとも日本では発見されていないのです。

「H5N1型」は人間から人間への感染が始まってきたときが非常に怖いんです。その時、名称も鳥インフルエンザから新型インフルエンザに変わります。いまは鳥から鳥、まれに、鳥から人間。この場合は感染した人を隔離すればいい。しかし、「H5N1型」のウイルスが、人間から人間へと普通に感染するところまで進化したら、これはもう大変です。あっという間にウイルスは広がり、大勢の死者が出てしまいます。

現在は、ときおり感染した鳥を大量に殺処分するニュースを見聞きするくらいですが、あれしか対策はありません。少しでも疑いがある鳥は全部殺処分するしかないのです。ただ、すでに鳥の世界で猛威をふるっているわけですから、人間界に入ってくるのは時間の問題でしょう……。

だからこそ、そのときの備えが重要です。実は国によって方策は異なり、予防のための「H5N1型」の予防接種を行なう国と、流行が始まってから、「H5N1型」のウイルスで薬をつくる国があります。日本は未だ態度を決めかねているようです。

たとえば、アメリカは「予防は無理」と考えます。予防には、現在の「Ｈ５Ｎ１型」のウイルスを使ってワクチンをつくるわけですが、ウイルスは突然変異する可能性があるから、予防用のワクチンを大量に作っても対応できない。これがアメリカの考え方です。

しかし、たとえばスイスは別の発想で対処します。全国民に予防ワクチンをまず打つ。そうすることで、「ウイルスに多少の突然変異が起きても死亡率は減る」と考えているのです。

日本は、アメリカ型にするのかスイス型にするのか決めていません。たしかに判断は難しい。仮にスイス型にした場合、予防のためのワクチンをつくると莫大なお金がかかります。**もし、それが無駄になったら誰かが責任を取らなくてはいけない。**でも、一人あたりの金額としては一〇〇〇円ぐらいだと思います。「一人一〇〇〇円で安心を買いますか。仮にそれが無駄になったとしても、誰も責めないでいられますか」という話なのです。

残念ながら、現在の日本では必ず責任者を責めるでしょう。おそらく、厚生労働省の役人や委員会を責める。「こんなに税金の無駄遣いをしやがって」と糾弾《きゅうだん》する。だから、誰もそのリスクは引き受けたくないのだと思います。

流行が始まったら……

もし致死性のインフルエンザの流行が始まると、ワクチンを製造するのに日本の場合だと半年ぐらいかかります。つまり、**半年間は自力で生き延びないといけません**。想定では、六四万人から二一〇万人が死亡するので、あなた自身がその中に入ったら、もう一巻の終わりです。

繰り返しますが、現状は水際作戦を行なっている段階です。鳥の世界から人間の世界に侵入しないように、養鶏場《ようけい》でウイルスが出たら全て処分する。「やりすぎじゃないか?」と思う人もいるかもしれませんが、そうではありません。感染を防いでおくためにできることをしておかないと、すぐに人間の世界に蔓延《まんえん》します。

ただ、一週間で地球の裏から表に感染者が広がってしまう時代ですから、他国もきちんと対策を取らないと、結局はどうしようもない。先進国は、感染者が出たときに必ず公表して封じ込めますが、新興国は必ずしもそうではありません。情報を出さなかったり、握りつぶしたりしているので、やはり、いずれは人間の世界に入ってくるでしょう――いや、もうすでに入ってきているのかもしれません。**世界中**を巻き込む伝染病なのですから、**国による情報の隠蔽（いんぺい）がいちばん怖い**ですね。

わざと空気感染する強毒性ウイルスをつくる

二〇一一年九月以降、二つの動物実験が世間を騒がせています。オランダと日本（アメリカと共同研究）の研究チームが、フェレット同士で空気感染する「H5N1型」の変異ウイルスを作成し、世界的に権威があるとされるサイエンス誌とネイチャー誌に詳細なデータを含む論文を投稿したのです。

日米共同チームは二〇〇九年の新型ウイルスに「H5N1型」の一部を入れてみました。すると、フェレット間での感染率は上がりましたが、強毒性になることはありませんでした。

また、オランダのチームは「H5N1型」ウイルスの遺伝子を少しいじって、フェレットにウイルスを直接噴霧（ふんむ）し、致死率が高いことを確かめました。とはいえ、空気感染はあまりなかったそうです。

問題は、このような危険な実験結果を詳細に公表していいのか、ということです。科学雑誌は誰でも書店で買って読むことができます。**万が一、バイオテロを狙っている人物が、論文を参考に「殺人ウイルス」をつくってしまったら、とりかえしのつかない事態となります。**

現在、生物実験室の安全性レベルは四つに分かれています。

レベル1は「健康な成人で必ず病気を引き起こすものではない微生物」が実験対象で、白衣と手袋があれば研究することが許されます。

レベル2は「軽度で治療可能なヒトの病気を引き起こす病原体」（ポリオウイルスや季節性インフルエンザなど）が対象で、安全キャビネット、実験室内の立ち入り制限が研究条件となります。

レベル3は「治療できうるが重篤《じゅうとく》なヒトの病気を引き起こす病原体」（結核菌や炭疽《たんそ》菌など）が対象で、廃棄物や作業服の除染が求められます。

レベル4は「治療法のない重篤なヒトの病気を引き起こすと考えられる病原体」（エボラ出血熱ウイルスやニパウイルスなど）が対象で、全身空気供給陽圧《ようあつ》式防護服（！）が必要になります。

今回の「H5N1型」ウイルスは、レベル3の実験室で実験が行なわれました。

なんだか怖い気もしますが、実験室から出るときにはシャワーを浴び、実験室内の空気がそのまま外に出ないよう工夫されています。レベル4を要求すると、高価な実験室設備が必要となり、研究が停滞してしまうのだそうです。

大々的な議論の末、論文は二本とも掲載されることになったようですが、あらためて、科学がテロと結びつく恐れのあるものであることを教えてくれたケースでした。

ポリオ生ワクチンの悲劇

生ワクチン使用は日本だけ

ポリオ（急性灰白髄炎《かいはくずいえん》）は、子供が多くかかる病気です。中枢神経がやられて、風邪のような症状の後に手足の麻痺《まひ》が生じることもある怖い病気です。**現在の日本ではポリオは根絶されているにもかかわらず、年間約四人前後の発症があります。その理由は集団予防接種です。**子供の身を守るための予防接種なのに、なぜ、感染者が出てしまうのでしょう？

日本では、つい最近まで、ポリオの生ワクチンだけを使っていました。**生ワクチンは、ポリオワクチンを薄めたものなので、毒性が残っており、まれに発症することがあるんですね。**その割合は、厚生労働省の発表によると四四〇万人に一人。WHOの発表では一〇〇万人に一人という数値になっています。

危険はそれだけではありません。接種の際には、生ワクチンを口から飲むのですが、その子供の便（ウンチ）から、家族に感染することもあります。たとえば、ある特定の年に生まれたお母さんは、ポリオのワクチンを飲んでいないので、免疫がないそうです。そうすると子供の便を介してポリオに感染してしまうのです。これは本当にひどい話で、先進国で生ワクチンを使っているのは日本だけです。

ほかの国では、とっくに「不活化《ふかつか》ワクチン」に切り替わっています。「不活化」は活性を失わせるという意味で、きわめて安全です。ノルウェーやスウェーデンでは半世紀前から導入されており、導入が遅かったアメリカでさえ、二〇〇〇年以前に切り替わっています。しかし、**日本だけは不活化ワクチンへの切り替えが遅れた**のです。

その結果、先進国の中でポリオが発生しているのは日本だけ、という悲惨な状況になってしまいました。

年間四人であるとしても、その四人は発症し、後遺症が残るわけです。四四〇万人に一人の「確率」とはいえ、発症した子供とその親にとって、麻痺の苦しみは一生続くものです。人生を単なる「数字」で計算されてはたまったものではありません。なぜ日本は、充分に不活化ワクチンに切り替える余裕があったにもかかわらず、麻痺のルーレットとでもいうべき怖い賭けを国民に強《し》いてきたのでしょう。

私の家では、二〇一〇年に女の子が生まれたので、二〇一一年の三月と四月に海外から輸入した不活化ワクチンを自費で打って、このリスクを回避しました。国の遅い動きを見かねたのか、日本でも、小児科医が海外から不活化ワクチンを輸入して打ってくれていたんです。二回打つと、感染の可能性が非常に低くなります。保育園などで生ワクチンを飲んだ周囲の子供たちのウンチから、何らかの形で感染するという危険も減ります。

不活化ワクチンが導入されない理由?

不活化ワクチンを打てばいいことなのに、本当にこれは怖いことです。厚生労働省がどういう理屈で動かなかったのか。これは推測ですが、過去にワクチンによる副作用が問題になり、国が訴えられて賠償《ばいしょう》命令が出たケースが何回もありました。その結果、厚生労働省が及び腰になってワクチンをなるべく減らそうとしていたのかもしれません。つまりワクチンを増やすと、副作用が出た場合に訴えられる。それを嫌がって、ワクチン行政が世界に置いていかれてしまった可能性があります。

これはなかなか難しい問題です。ワクチンでは、副作用は必ず出ます。不活化ワクチンでも、絶対に副作用がないとは言い切れません。**メリットと比べてデメリットである副作用のほうが小さければ、多くの場合はワクチンが導入されるのです。**

ところが、副作用が出たときに、厚生労働省が訴えられて賠償命令が出ると、担当者も左遷《させん》されるでしょう、その結果、国が、ワクチンの導入に慎重になっていたのかもしれません。

もうひとつ、これはうがった見方かもしれませんが、海外では不活化ワクチンが実用化されているので、それを輸入すると日本の製薬会社が儲からないということもあったかもしれません。日本の製薬会社が不活化ワクチンの製造を始めるまでは、不活化ワクチンは導入しないという国策だった可能性もあります。

遅まきながら、厚生労働省が製薬会社に要請して、ようやく日本でも四種混合ワクチンが開発されました。ジフテリア、百日咳《ぜき》、破《は》傷風《しょうふう》、それからポリオを一緒にした混合ワクチンです。二〇一二年六月現在では、まだ承認待ちの段階ですが、近いうちにポリオ生ワクチンに取って代わることでしょう（執筆当時。その後、二〇一二年十一月に定期予防接種に導入）。

現在の日本では、子供にかぎらず、自らの科学・医学知識に基づいて、予防接種を打つべきなのでしょう。**国にまかせておいては大切な家族の身を守ることはできません**。他国の状況などもリサーチしたうえで、信頼できるお医者さんに相談するのがいいのではないでしょうか。

幼い自分の娘の姿を見ながら、国の政策ミスのせいで、もしもこの子の手足が麻痺したらと考え、あらためて、とても怖いことだと感じました。

Part 3

宇宙にまつわる怖い話

普段着で宇宙空間に飛び出したらどうなる？

人が宇宙空間で生きられない理由

突然ですが、もし、宇宙飛行士が普段着のままで宇宙空間に飛び出してしまったらどうなるでしょう？　実際、そんなシーンが、スタンリー・キューブリック監督のSF映画『二〇〇一年宇宙の旅』（原作はアーサー・C・クラーク）に出てきました。人工知能HALの策略で、生身で宇宙遊泳をするはめになった主人公。ご覧になったことがあるかもしれませんが、あんなこと、本当にできるんでしょうか。リアルさを追究したキューブリック監督が、インチキをするなんて考えにくいですから、やはり、できるのでしょうか。

宇宙といわず、火星の表面に放り出された主人公の顔が膨張し、目の玉が飛び出そうになるのがSF映画『トータル・リコール』（原作はフィリップ・K・ディック）です。「火星の大気は薄く、気圧が低い」というのが、その理由ですが、だとしたら、ほぼ真空状態の宇宙空間に飛び出そうものなら、瞬時に目の玉が飛び出て、体も破裂するにちがいありません。いったい、どちらの映画が本当なのでしょう。

科学の問題として考えてみましょう。宇宙飛行士が、何らかの理由で宇宙ステーションから外に出てしまえば、当然、すぐに死んでしまいます。**では、どれぐらいで死んでしまうのか。そして死因は何か。**これには、幾つかの説があります。

説① 宇宙空間は真空なので、体が破裂して死んでしまう。
説② 宇宙空間はマイナス二七〇度の寒さなので、凍って死んでしまう。
説③ 宇宙空間は空気がないので窒息してしまう。

読者のみなさんは、正解はどれだと思われますか?

答えは、説③の窒息なのです。宇宙空間は真空なので、生身のまま飛び出たら、肺の中の空気が膨張して損傷を受けます。しかし、それでもすぐには死にません。また、人間の皮膚は結構強いので、真空の中に入っても、皮膚が持ちこたえて破裂しないんです。

また、凍らないのはなぜでしょうか。たしかに深《しん》宇宙の温度はマイナス二七〇度ですが、私たちが寒いと感じるには、空気を伝わって熱が逃げていかないといけません。真空だと空気がないので熱が伝わりにくいから、そんなに簡単には冷えない。つまり、熱を奪う伝導《でんどう》物質がないということです。

そうすると、**結局は空気がないために、二分間程度で窒息して死ぬ**ことになります。窒息して死んでしまうと、その後に、徐々に体は冷たくなるし、膨張もするでしょう。ただこれは、人間では実験できないので実際には検証できないんですね。NASAによる理論研究と動物実験――この動物は何かわかりません――では、宇宙空間に生身のままで飛び出ると、肺が膨らんで損傷を受けるということ、それから急な減圧で潜水《せんすい》病になることが明らかになりました。

また、血液の中に気泡ができて沸騰するという説もありますが、短時間では沸騰しないし、皮膚もバラバラにはなりません。結果的に、空気がないのが致命傷になるのです。

というわけで、映画『二〇〇一年宇宙の旅』のシーンくらいの短時間であれば平気ということです。やはりキューブリック監督はしっかりと科学的にリアルに映画を作っていたんですね（もともと原作がリアルだというべきかもしれませんが、映像の緻密《ちみつ》さにも敬服するばかりです)。

ただし、宇宙空間では口は閉じていたほうが良いそうです。唾《つば》が沸騰する危険があります。それから目も同様で、涙が蒸発します。目を閉じて、口もつぐんで、息を止めていれば、ジャンプして一〇〇メートルくらいの距離ならば到達できるのではないでしょうか。

また、**宇宙空間で一番怖いのは太陽からの直射日光**かもしれません。太陽から大量の宇宙線がやって来る。宇宙線とは、ガンマ線などを含む放射線のことです。

要するに強い放射線が飛んでくるので、皮膚や目に害があるのです。宇宙船から締め出されて、別のハッチから入らなくてはいけないシチュエーションは、想像しただけで怖いものですが、NASAの研究を信じるのであれば、二分程度は生き延びることができるので活路を見出すことができるかもしれません。

行きはよいよい、帰りは怖い、ブラックホール

ブラックホールはどうやって生まれた？

宇宙で怖いものの代表格といえば、ブラックホール。ブラックホールは、星のなれの果て。太陽よりもずっと重い星が燃料を全て燃やし尽くし、超新星爆発を起こし、粉々に吹き飛んだ後にぽっかりと開いた「時空の穴」がブラックホールです。なんでブラックホールが怖いのかを説明する前に、星が燃料を燃やし尽くしてブラックホールになるプロセスを簡単にみてみましょう。

星の内部は「溶鉱炉《ようこうろ》」になっています。そこでは、まず、一番軽い水素を燃やして、それが無くなると今度はヘリウムを燃やす……という具合に、次々に燃料が変わっていきます。溶鉱炉といっても、製鉄所とはかなり違っていて、「燃やす」という言葉も比喩《ひゆ》的に使っています。星の溶鉱炉で起きている反応を核融合といいます。

地球上ではまだ核融合炉は実用化されていませんが、要するに、**太陽が輝いている原理が核融合**なのです。小さな原子核同士が融合して、別の大きな原子核になるときにエネルギーが余って、外に放出されるんですね。

核融合の原理は、アインシュタインの「$E=mc^2$」という式です。「$E=mc^2$」は、(ニュートンの「$F=ma$」と並んで)世界一有名な式ですね。「E」はエネルギー、「m」は質量。質量とは重さのことだと思ってください(ただし、地球から月に行ったとき、質量は不変ですが、重さは六分の一になります。科学では正確な言葉の使い分けをしますが、それを徹底すると、だんだん怖くなりますので、本書では、言葉は柔軟に、ゆるく使うことにします)。「c」は、光の速度。光速は、毎秒三〇万キロメートル、いいかえるとマッハ(音速)九〇万です。

この数式は、科学系の学生がTシャツにプリントして歩いている姿をよく見かけますが、実は、かなり怖い式です。

なぜなら、たとえば一グラムの重さの物質が全て「E=エネルギー」に転換されると、そこに「c」の二乗という比例係数がかかるので、**たった一グラムでも莫大なエネルギーが生まれる**からです。この「莫大」というのが怖いのです。

核融合では、小さい核同士が融合するときに質量が減る――つまり、消えちゃうんです。といっても、完全に消えるわけではなくて、それが「E」、エネルギーとして周囲に放出される。アインシュタインの式に従って、核融合からエネルギーが出てくるのですね。

ただ、どんどん燃やしても、核融合でエネルギーを出せるのは鉄までです。軽い元素から燃やしていって、早めの段階で爆発してしまうこともありますが、うまくいくと**軽い元素を全て燃やし尽くして、最後に鉄の「燃えカス」が残ります**。鉄までいってしまうと、もうそれ以上はエネルギーを取り出せません。燃料を燃やし尽くしてしまったので、星はもう輝くことができずに死んでしまう。

エネルギーを全部使い尽くすと、内側からエネルギーが出てこなくなります。星は、光り輝いているうちは、内側から核融合によるエネルギーが周囲に放出されているので圧力がかかっている。ちょうど風船を膨らませているヘリウムの圧力が、周囲の空気圧に勝っているようなイメージです。

風船はヘリウムの圧力が無くなると空気圧で縮みます。それとまったく同じ状況で、星も輝くのをやめてしまうと、自分の重力で縮んでしまうんです。

これも想像を巡らすと怖い光景です。**たとえば地球で、地面がいっせいに崩れて、奈落《ならく》の底に落ちてゆくシーンを想像してみてください。**かなりヤバイですよね。次に、同じ崩壊が太陽の表面で起きている場面を思い描いてください。そして、太陽の一〇倍とか一〇〇〇倍の重さの巨大な星の表面が重力によって崩壊してゆく映像……まさに宇宙規模の怖さだといえるでしょう（ちなみに、地球や太陽は軽いので重力崩壊はしません、ご安心を）。

星が縮んでいくと、原子も小さく潰《つぶ》されてゆくんですね。最終的に小さくなると、あるところで跳ね返ります。いくら縮んでも原子核の部分は硬いので、子供が綿《わた》あめを握りつぶしていってもゼロにはできないように、どこかでググッと跳ね返されるんですね。

この反跳が超新星爆発です。超新星爆発はとても明るく、平安時代末期の藤原定《さだ》家《いえ》も、超新星爆発で夜が昼間のように明るくなったという記録を残しています（彼自身が目撃したのではなく、さらに前の時代の言い伝えを書き残したようですが）。ちなみに超新星爆発には何種類もあり、ここで描いたシナリオはそのひとつにすぎません。

入ったら出られない「事象の地平線」

超新星爆発の後に生まれるのが、ブラックホールです。時空にぽっかりと穴が開いてしまった状態です。あまりにも重い物体が、あまりにも狭い地域に集中した結果、穴が開くというイメージですね。

錐《きり》で一点に力を集中すると木材に穴が開きますよね。そんなイメージです。時空の一点にエネルギーが集中して穴が開くんです。

ブラックホールの周囲には「事象《じしょう》の地平線」というものがあります。**事象の地平線は、そこから一歩でも中に入ってしまったら、出ることのできない境界面**です。星の表面と同じように、ブラックホールにも表面があります。星の表面の場合は、様々な物質が固まっていて地面になり、大気の層・大気の表面もあります。ブラックホールの場合にも「目に見えない表面」があるんです。それが事象の地平線です。これは目に見えないけれど、いったん越えたら、二度と出て来られないという意味で「宇宙の罠《わな》」といっていいかもしれません。まさに「行きはよいよい、帰りは怖い」ということです。

おまけに、何らかの理由でその境界面を越えてブラックホールの内側に入っても、表面を越えたことがわからない。もし、宇宙船でそこに入っていくとすると、事象の地平線を通り過ぎるときは何も感じません。突然重力が強くなることもないのです。

ブラックホールという穴の、かなり遠くのほうに境界線があるんですね。でも、その線（正確には面）を越えるときに、宇宙飛行士は気がつかない。

SF映画やアニメで、ブラックホールは大きな黒い穴で表現されています。そもそも「ブラック」という名前の由来は、「そこからは光さえ出てこられない」という意味で、黒く見えるということです。

黒く見えるということは、言い換えると「見えない」ということです。それでは、私たちは、どのようにしてブラックホールを観測するのでしょうか。ブラックホールに相棒の星（連星系《れんせい》）がいるとします。お互いの周りをグルグル回りながら、その相棒の星から、物質をどんどん吸い取っているんです。まるで吸血鬼のようですね。血の代わりに物質を吸っているのですが……。

物質がブラックホールに吸い込まれるときにすごく熱くなって、エックス線など様々なものを周囲に放射します。そのエックス線をとらえて「これは星が吸われている」というのがわかる。その吸っているものの正体は「ブラックホールだろう」という推定になるんです。だから、ブラックホールは、直接は見えません。間接的にその存在を推測するのです（将来的には、吸い込まれるガスの輝きを背景に、事象の地平線の「シルエット」が直接見えるようになるかもしれません）。

将来、遙《はる》かな宇宙に出かけていった宇宙飛行士のケースを考えてみましょう。もし、宇宙図にブラックホールが載っていれば、避けることはできる。しかし、宇宙のあらゆるブラックホールが宇宙図に出ているとは限りません。地球にも「地図に載っていない島」があったりするではありませんか。

ブラックホールの存在がわかっていなければ、気がつかないうちに「事象の地平線」を越えてしまう。そして、しばらくたってから「何か変だぞ」と気がつく。でも、宇宙船の方向を変えようと思っても、もう変えられません。**反転をして元に来た道を戻ろうと思っても、内側に流されていくだけで帰れない**んです。

自分が知らぬ間に事象の地平線を越えてしまったことを知ったとき、宇宙飛行士は、怖いを通り越して絶望するにちがいありません。しまった、もう自分は残してきた家族にも友人にも会えないし、ブラックホールに落ちたのを知らせることすらできないのだ、と（通信電波は光の一種なので、ブラックホールの外には出ません）。

イメージとしては、滝に落ちてゆくボートみたいなものです。川の下流には滝がある。滝の周辺は、流れが急に速くなります。ボートに乗っていた場合、ある時点までは全力でスクリューを回せば引き返せますが、ある「一線」を越えると飲み込まれていくのみですね。

ブラックホールの事象の地平線は、その一線と同じです。「この線を越えると危険です」というふうに警告が出ていればいいですが、そんなものはどこにもありません。ぽっかりと口をあけて宇宙飛行士を待ち構えている罠――それがブラックホールなのですね。

スパゲティ人間の恐怖

ここまでで、あまり怖くなかった人は、「でも、元の世界に帰れないだけで、死ぬわけじゃないから、いいんじゃね？」くらいに余裕のかまえかもしれません。でも、ブラックホールには、さらに怖い秘密が潜んでいるんです。

ブラックホールの中は、どうなっているか。実は、いまだにはっきりとはわかっていません。でも、「事象の地平線」を越えて、ブラックホールに入ってしまった宇宙飛行士がどうなるか、理論的に計算をした研究者がいます。

事象の地平線を越えた直後は、まだ重力があまり強くないので、宇宙船もそのままの形を保っています。しかし、反転して全力で噴射してもどんどんと中心に引っ張り込まれていく。そして、だんだんと中心に近付くにつれて、いよいよ重力が強くなってきます。

そうなると、宇宙船には「わしづかみ」にされたような力が働きます。これを「潮汐力《ちょうせき》」と呼びます。潮汐力は、天体の近くで必ず働く力で、もともとは地球の海が、月の影響で膨らむ力のことです。

地球では、月に向いている部分の海面が盛り上がりますが、月と反対側の海面も盛り上がります（意外な盲点です）。それが潮汐力の特徴です。つまり、**グーっと地球をわしづかみしたときに、手の親指側と小指側から物質が漏れてしまうような力。それが潮汐力です。**

少し前に、シューメーカー・レヴィ彗星《すいせい》が木星の近くを通って、分裂したという事象がありました。大きな天体の近くを、小さな隕石《いんせき》が通ったために、潮汐力で握りつぶされたのです。ブラックホールの場合でも、中心部に近づくと、潮汐力は非常に強くなります。

ブラックホールの中に入ってしまった宇宙船の末路は実に哀れなものです。潮汐力で握りつぶされて、前後に長くなってしまうのですから。最終的には分子レベルまで握りつぶされて、スパゲティ状に伸びてゆく。**宇宙船と人間を作っていた分子が長い数珠《じゅず》のようになり、ついにはスパゲティ状になり、ブラックホールの中心に引っ張り込まれていきます。**

ブラックホールの中心がどうなっているかはわかりません。しかし、「特異《とくい》点」というものがあるといわれています。**特異点とは、エネルギーや温度が無限大になってしまい、物理法則が適用できないような変な（特異な）点のことです。**

それは、言い換えると「どうなるかわからない」ということです。ただ、特異点は、あくまでも数学的に、理論的に予測されているだけであって、存在しない可能性もあります。

また、ブラックホールの真ん中は別の宇宙につながっているだろうという説もあるんですね。もし、別の宇宙につながっていると、奇妙な図ができあがります。

◆ブラックホールから宇宙が生まれる？

①

②

【参考】http://revolution.groeschen.com/2009/05/15/birth-of-a-universe.aspx

前頁の図をご覧ください。ブラックホールを穴ぼこだと考えて、その一番底に行くと管《くだ》が延びて(①)、ちぎれて(②)、「宇宙」が分かれていきます。

いちばん上に我々の宇宙があり、穴から伸びるブラックホールの管があり、管がちぎれると別の宇宙が広がる。その別の宇宙の広がる様子を「ビッグバン」だとする説もあります。

この宇宙には「子宇宙」という名前がついています。子供の宇宙(child universe)です。つまり、分子のスパゲティになってしまった我々の体と宇宙船が、再び別の宇宙の中で、ビッグバンとして純粋なエネルギーとなって放出されるという可能性もあるんです。そこまで行くと、もう怖いのか夢があるのかわからない状態です。

ブラックホールは人工的にも作れる?

以上の説明は、理論的な仮説にすぎません。ブラックホールを探検した人がいない以上、誰にも真相はわかりません(探検に出かけても戻ってきませんし)。たとえ、人間の代わりにブラックホールに観測装置を送りこんでも、観測装置からの電波は出てこられないから、ブラックホールの中がどうなっているかは観測できない。

将来的に科学が進んでいけば、ブラックホールを人工的につくることはできると思います。ブラックホールは、時空の一点にものすごいエネルギーを集中させれば作れるので、それ程難しいことではありません。

フランスとスイスの国境沿いのCERN《セルン》という研究所には、ラージ・ハドロン・コライダー（大型の素粒子加速器）があります。ここでは、トンネルの中で陽子をグルグル回して飛ばして、正面衝突させています。そのトンネルの大きさは全長約二七キロメートルで、だいたい東京の山手線ぐらい。光速の九九・九九九九パーセントぐらいのスピードで、陽子《ようし》を衝突させる。そうすると小さなミニブラックホールができる、という話があります。

ただ、それはあまりにも小さいので、あっという間に消滅するそうです。これはあの有名な物理学者の故スティーヴン・ホーキング博士も言っていますが、**ブラックホールは長い時間がたつと蒸発します**。

ブラックホールの周囲、事象の地平線からは、ほんの少しだけ放射線が漏れ出ます。これは「量子力学」の分野の計算になりますが、ホーキング博士の名前を取って「ホーキング放射」という名前が付いています。周囲にエネルギーを放射するということは、エネルギーが減るということです。エネルギーが減ると、ブラックホールは小さくなって、最後はパチンと消えてなくなる。小さなブラックホールは、短時間で消えてしまいます。

もしホーキング放射がなければ、地上の実験室で作られたブラックホールは「吸い込むだけ」になります。吸い込んで、どんどん大きくなっていくとしたら、小さな穴は際限なく吸い込み続けて、まずは研究所の建物と人間を吸い込んで、さらに大きくなって、スイスとフランスを飲み込んで、しまいには地球を飲み込んでしまうかもしれません。これは相当怖いですね。

しかし、ホーキング放射のメカニズムがちゃんと働けば、そんな悲劇は起きません。物理学者の大半は「ホーキング放射はある」と考えており、仮にミニブラックホールが生まれても、周囲を吸い込む前に自然消滅すると主張しています。

ただそれを信じない人もいるようで、アメリカのハワイ州では訴訟が起こされました。アメリカの元・原子力保安検査官が、「一度小さなブラックホールが生まれたら地球を吸い込む可能性がある。そんな実験はやめるべきだ」と、実験の差し止めを裁判所に提訴しました。裁判の結論は、「CERNの計算の結果は信用できる。仮にブラックホールができたとしても、ホーキング放射で消えるから心配ない」となりました。

しかし、万が一、なんらかの理由でホーキング放射が起きなかったら……一抹《いちまつ》の不安が残りますね、ちょっぴり怖いかも！

我々の銀河の中心にも……

ブラックホールは数式で記述できます。ブラックホールの重さがわかれば、ブラックホールが消滅するまでの時間も計算できるんです。重ければ重い程、消滅するのに時間がかかります。だから、ある程度の大きさの**「はぐれブラックホール」**みたいなものが銀河系を移動していて、太陽系に入ってきたときは危険です。こいつらは、消滅するのに、何億〜何十億年かかるので、危険な状況ですね。ただ、大きいブラックホールであれば、太陽よりもずっと重いはずで、近づいてくればその影響は天文観測により、事前にわかるはずです。また、F1レースのヘアピンカーブみたいに、ブラックホールに近づいた天体がクルッと方向を変えて離れていくことも多いので、必ず吸い込まれるわけじゃありません。

ところで、ブラックホールは、我々が棲《す》む天の川銀河のど真ん中にもあります。

このブラックホールは、太陽の数百万個分の質量があります。あまりに巨大すぎて、その大きさも重力の強さも想像できませんね。周囲にある星にとって、巨大ブラックホールは脅威ですが、太陽系は天の川銀河系の端のほうにあり、ブラックホールからは遠いので、その影響を直接受けることはないから安心していいと思います……とりあえず怖いのは、太陽系に直進してくるはぐれブラックホールくらいのものでしょう。

銀河と銀河の衝突？

もう少し銀河レベルの怖い話を続けましょう。

我々が棲む天の川銀河の隣には、アンドロメダ銀河があります。**天の川銀河とアンドロメダ銀河は、重力的に結びついていて、二つの銀河の距離は近づいてきています。そして将来にはぶつかってしまいます。**近づくスピードは、毎秒約一一〇キロメートルで、いまから四十億年くらいで二つの銀河はぶつかる計算です。

え？　この銀河が隣の銀河とぶつかるの？　はい、そうなんです。もちろん、あなたや私がそれを目撃するわけではありませんが、ほぼ確実に二つの銀河は衝突します。その時代まで人類が生き残っているかどうかは、わかりませんが。

ただ、**銀河同士がぶつかっても、面白いことに、星同士はほとんどぶつからないんです**。銀河というのは写真では数多くの星が密集しているように見えますが、実際はスカスカです。ですから、銀河同士がぶつかったとしても、構成している星同士がぶつかることはほとんどないんですね。政権交代で国全体としては大きな変化が起きても、国民一人ひとりの生活はあまり変わらない。そんな感じでしょうか。とはいえ、銀河の形が組み直されて、いまの渦巻き銀河から楕円《だえん》銀河に変わるなど、銀河レベルの「再編成」は起きるはずです。

銀河同士が融合すると、中心にある巨大ブラックホール同士も融合してさらに穴が大きくなる可能性があります。宇宙は実は巨大ブラックホールだらけなんです。いたるところに大きくなったブラックホールがある。ただ、巨大ブラックホールのまわりに星が集まって銀河になったのか、どうして巨大ブラックホールができたのか、まだまだ詳しいことはわかっていません。

この銀河の衝突のお話は、一見怖そうな気がするけれど、実際にはあまり怖くないお話だといえるでしょう。ホッ。

もし異星人が本当にいたら

地球に似た五つの惑星

現在、太陽系外惑星をケプラー宇宙望遠鏡が観測しています。この望遠鏡は、アメリカのNASAが打ち上げたもので、地球が太陽を回っている軌道を後追いするように飛んでいます。

ケプラー宇宙望遠鏡が太陽系外の地球型の惑星を探査したところ、二〇一一年の二月に五四個も見つかりました。予想では、銀河系だけで地球型惑星が四〇〇億個もあるそうです。

その後、地球型であるだけでなく、実際にハビタブルゾーンに存在する惑星も見つかり始めました（あまりに発見のスピードが速いので、刻々と状況が変わっており、二〇一八年九月の時点で五五個あります）。ちなみに、太陽の周りのハビタブルゾーンは地球だけです。

水星と金星は、太陽に近すぎるので水は水蒸気になってしまいます。火星の場合は太陽から遠いので水が凍ってしまいます。**地球のように水が液体で存在して、命を育《はぐく》むことができる、恒星からの適切な距離をハビタブルゾーン（habitable zone）といいます。**生物が棲める場所ということですね。

太陽系外のハビタブルゾーンにある地球型惑星は、要するに地球にとても似ているわけで、太陽系外生命体がいる確率が高まってきました。

この話を聞くと、多くの方はワクワクするのではないでしょうか。ところが、これは怖いことだと主張している科学者がいます。それは、故スティーヴン・ホーキング博士です。彼の主張は以下のようなものです。

ある惑星に、実際に生命体がいるとしましょう。それも高等生物で、様々な機械をつくる生物がいるとします。彼らの文明度が、我々よりも下だという保証は全くありません。文明度が圧倒的に高いかもしれない。彼らが、人類が知らない科学技術を使って、宇宙を遠くまで旅するような方法を確立しているとしましょう。それだけ文明が進んでいれば、おそらく強力な破壊兵器も持っているでしょう。

あれ？　だんだん怖くなってきましたよ。

接触できる異星人は……

彼らが、地球にやってきたらどうなるか。

過去の歴史を振り返ると、進んだ文明――進んだというのは様々な基準がありますが、ここでは科学技術を使った兵器のレベルにしましょう――は、劣っている国と出合うと、まず間違いなく征服の対象にします。それは、スペインが南アメリカで行なったことであり、あるいはアフリカから大勢の奴隷が連れていかれた先例もあります。

進んだ文明側が倫理観を持ちながら、科学技術が遅れている国に入り、その国と共存共栄するということは、地球の歴史にはありませんでした。ほとんどの場合、軍事的もしくは経済的に相手を支配してしまうのです。

地球で起きたことを宇宙規模で想定すると――。異星人の文明度が高い場合、地球は征服の対象ということです。ボイジャーなどの探査機で、地球から宇宙に向けて「私たちはここにいます」というメッセージを送りだしていますが、あれが正しいことなのかどうかわかりません。地球から発信されたメッセージを受け取り、書かれている暗号を解読できる程の文明なら、おそらく地球に来ることができるでしょう。**メッセージを解読して、地球にやって来られる時点で、彼らのほうが文明が進んでいるわけです。**というのは、地球に向けて異星人からのメッセージが送られてきたときに、私たちがそれを回収できるかと問われたら、まず不可能なのです。現在、地球の周りに人類がいる空間は宇宙ステーションだけですから。国際宇宙ステーションに数人がいるにすぎない。そこにたまたま、宇宙のどこかから漂《ただよ》ってきた探査機が、ちょうどいいスピードで接近してくるなんてことは、まず考えられません。確率としてものすごく低い。

つまり、私たちからのメッセージを宇宙空間で回収できて分析できる文明であれば、はるかに地球よりも文明が進んでいると考えて間違いありません。当然のことながら、地球は彼らに支配されるのではないか。スティーヴン・ホーキング博士が「怖い」といっているのは、このような理由だと思われます。

下手をしたら、我々が異星人に奴隷にされたり、最悪の場合、エサにされてしまう可能性もあるわけですが、多くの人たちはロマンを感じるばかりで、ホーキング博士のようなリアリティーを持って考えることが、なかなか難しいようです。リアルな感覚とは、すなわち、怖がる感覚のことなのです。

ワームホールで時間を短縮

ケプラー望遠鏡が発見した遠い惑星に光（電波）を送るとしましょう。たとえば「ケプラー22b」という惑星は、地球の二・四倍の大きさで、ハビタブルゾーンにあり、その距離は六〇〇光年。光の速度で六百年です。

人類のいまの科学技術レベルでいくと、どんなに早く連絡ができても六百年後という話ですが、ケプラー22b星人——とでも名付けましょうか——が、人類より高い科学技術を持っているとすれば、いま、私たちが想像できないような何かしらの通信手段を持っているかもしれません。

ここからは本当にSFの世界ですが、**一番怖いのは彼らが宇宙にトンネルを掘る技術を持っている場合**でしょう。普通に移動すれば光の速さでも六百年かかりますが、近道をする方法を彼らが開発していたら大変なことです。近道の方法はトンネル——つまりワームホールです。

ワームホールとは宇宙の虫食い穴のことで、理論的には存在するといわれています（ワームは英語で「虫」という意味）。これはブラックホールのようなもので、宇宙の中のA地点とB地点を結ぶトンネルです。ワームホールを掘る技術を彼らが持っていて、電波が届いてから数年くらいで異星人がやってきたら……。これは非常に怖いですね。

相手の文明レベルが高いと、我々は動物園で飼われている動物のようになってしまいます。何をされてもどうしようもない。閉じ込められたり、人体実験される可能性もある。もしかしたら、人類は珍味《ちんみ》として食べられてしまうかもしれませんよ。怖っ！

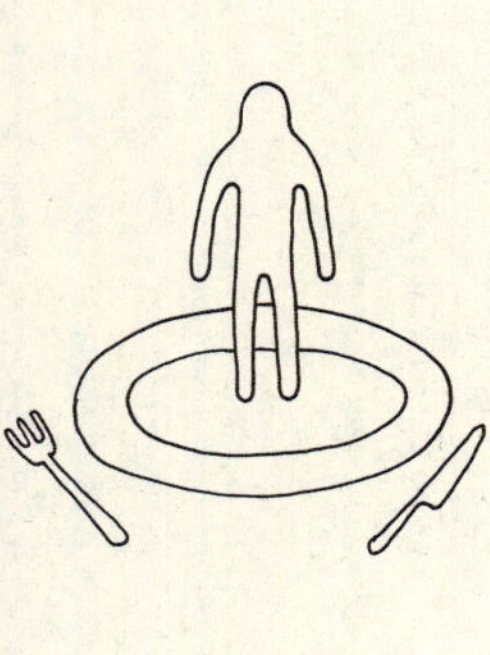

無限宇宙と有限宇宙

宇宙が無限に続くとすると……？

子供の頃、宇宙が無限に大きいという話を聞いたとき、みなさんは怖さを覚えませんでしたか？　「宇宙は無限に大きいんだよ。いくら先に行ってもまだ先があるんだ」と親や先生から説明されたときに、なんとなく怖かったという人は多いと思います。未知なもの、自分が見たことのないものが続いていくことは怖いものです。

三面鏡《きょう》という鏡があります。正面と左右に鏡のある鏡台です。三面鏡の中に顔を入れて左右を閉じてみると、光が何度も反射して、ひたすらに自分の顔が続いていきます。鏡の中の世界で厳密には無限回反射はしませんが、それに近いぐらいどんどん小さくなった自分の顔が続く。あれも無限に潜む怖さですね。

江戸川乱歩の『鏡地獄』という作品があります。鏡に魅せられた男が、鏡で覆われた球体の中に入り気が狂う。そういう怖い小説です。

また、ブライアン・グリーンというコロンビア大学の教授が書いた『隠れていた宇宙』（竹内薫・監修）という本には、様々な多宇宙、並行宇宙が紹介されています。

その中に「パッチワークキルト宇宙」という仮説があります。パッチワークキルトは、いろいろな色でつぎはぎにした布のことです。パッチワークキルト宇宙とはどういう意味か。宇宙がもし無限に大きいのだとすると、我々が観測できる範囲、つまり光が届く範囲は限られています。光は「光速」で、毎秒三〇万キロメートル。

宇宙が生まれてから現代までがおよそ百三十八億年です。百三十八億年かけて光が進む距離が一三八億光年。つまり、原理的にはそこまでしか見えないわけです。

現在、地球に届いている光は、百三十八億年前の光が届いている。ところが、宇宙がもし無限に大きいのだとすると、その先の宇宙は絶対に観測できないことになります（宇宙はもの凄い勢いで膨張していますから、半径で四七〇億光年くらいの大きさがあるようです）。

この宇宙のどこかに自分と同じ人間がいる!?

光はたしかに百三十八億年かかってやってきていますが、光が発せられた後も、光を発した場所はどんどん膨張して遠ざかっているわけです。その距離を測ると、だいたい半径が四七〇億光年ぐらいです。

ところが、おそらく、その先があるわけです。光を発したところを中心と考えると、**約半径四七〇億光年ぐらいの広さ・領域がパッチワークキルト宇宙ひとつの領域で、それが無限にたくさんあるのが宇宙の姿じゃないか**という仮説なんですね。

そうすると、我々と同じような、つまり**地球とまったく同じものがどこかにある**。無限のパターンがあるとは、そういうことです。

パターンというのは分子の配列です。人間の体も地球も分子からできているので、その配列は有限です。宇宙が無限に大きくて、無限にたくさんの星があるのならば、この地球と同じ分子配列、あるいは竹内薫とまったく同じ配列というのも出てくるわけです。しつこいようですが、**無限に大きな宇宙なら、無限のパターンが存在する**からです。

そうやって考えると、この宇宙のずっと遠くに、おそらく会うことはできないだろうけれど、まったく同じ自分がいるかもしれない。あるいは、少しだけ違った自分がいるかもしれない。彼は僕と同じ顔をしていて、声も同じなのに、ものすごく悪い奴で、その星では殺人鬼かもしれない。そうやって考えていくと、とても怖い感じがします。あるいは、彼は僕とちがって、豪華な王様のような生活を送っているかもしれないし、もっと悲惨な人生を送っているかもしれない。

しかも、問題は、そんな自分の「化身《けしん》」たちが、ランダムに分布していることです。つまり、遠くの絶対に観測できない宇宙にいるとは限らない。別の自分は、案外と近くにいるかもしれないのです。地球上でも、自分と双子のように似ている人がどこかにいる、などといわれますが、**宇宙が無限に大きいのであれば、ほぼ確実に、宇宙のどこかにあなたの化身がいる**ことになるのです。

究極の知的生物は宇宙をつくる?

無限ではない宇宙の話もあります。宇宙は意外と小さいのではないかという仮説です。もちろん小さいといっても、太陽系のサイズやレベルではなくて、銀河が何千個、何万個も入るぐらいの大きさですが、それでも有限だという説です。宇宙は有限で、ある種の幾何学的な形（多面体のような）を持っているのではないかという仮説です（「ポアンカレ12面体仮説」）。

その説によると、宇宙をひたすらに進んで宇宙の端まで来て、さらにそこをひたすらに進むと、反対側からまた宇宙に入ってしまう。たとえば、ベランダの戸を開けて外に出たら、瞬時に玄関からまた家に入ってきましたというような可能性があるということです。

宇宙が幾何学的な格好をしていて有限だとすると、ある意味で、我々は宇宙に閉じ込められていることになります。閉じ込められることが人間は本能的に怖い。

もっと考えていくと、我々は動物園の中にいるのではないかという発想がありま す。とても知的な高等生物がいて、それが小さな宇宙を作り、我々は飼われている。有名なのがアーサー・C・クラークの『二〇〇一年宇宙の旅』です。あの作品のラストシーンでは、人類を超えた存在に私たちは観察されています。

人類がこの広い宇宙の中で一番頭がいいとは思えません。もっと進んだ文明があるでしょう。そのほうが自然です。知的能力がどんどん高まっていった文明は最後にどうなるのか。おそらくは、宇宙を人工的に作るようになるでしょう。そして、その文明でも、科学者は実験しますから、自分の研究室に宇宙を作ってじっくり観察するでしょう。我々は、その中の実験動物に過ぎないのだとすると――。ちょっと想像が追いつかない怖さかも。

シミュレーション宇宙で神が生まれる?

いま述べたことに非常に近い仮説で、「シミュレーション宇宙」という説があります。高度に発達した文明では、コンピューターも高度に発達しているでしょう。その世界では、現在のスーパーコンピューターよりもはるかに処理速度が速く、メモリーも大きいコンピューターが稼働しているはずです。超高速コンピューターがあれば多くのことができるようになります。コンピューターゲームの「シムシティ」や「シムアース」のように、文明をシミュレーションすることも可能です。言うなれば、究極のシミュレーションですね。

フライトシミュレーターも、最新のものでは、実際に空を飛ぶことに近づいたレベルの映像や操作感になっています。それと同じで、もし、コンピューターの演算能力が上がり、地球で起きていることを完全にシミュレートできるのであれば、個々の人間の意識も完全にシミュレートできるようになるでしょう。

つまり、この宇宙がより高度な文明によるコンピューター内のシミュレーションではないという証明は誰にもできないんです。コンピューターの中で、DNAの機能と同じような情報を設定しておけば、その生命は進化していくでしょう。物理法則も全部数式で表せるので、シミュレーションして計算されているだけ。

我々の生活は、巨大コンピューターの中のシミュレーションにすぎないのかもしれない。これは怖い考えですね。そのシミュレーションを動かしている人が「このシミュレーションには飽きた」とスイッチを切ったら、我々とそれを取り巻く世界は瞬時に消えてしまうのですから。それは、つまり神様の役割ですね。神という概念は、そういう可能性を考えることだと思います。この世界の運命を全て握っている存在。それが神です。

神はこの宇宙を終わりにできる。でもそれは非常に責任重大です。パチッと足がコードに引っ掛かって電源が切れたりしたら、もう取り返しがつきません。せめて、我々に怖がる暇《ひま》くらい与えてから、おもむろに終わりにしてもらいたいものです。

Part 4

地球にまつわる怖い科学

人類滅亡の可能性!?――磁極の反転・隕石衝突・全球凍結

北極はS極？　南極はN極？

地球には、北極と南極があります。そして、方位磁石ではN極とS極があり、Nが指している方向は北極です。つまり、北極は、地球の「磁石」（地磁気）としてはS極ということです。

え？　どういうこと？

ちょっと違和感があるかもしれませんが、考えてみると当然のことで、磁石はNとSがくっつきます。だから、方位磁石のNがくっつく方向はS極ということです。地磁気・地球全体を磁石として考えると、北極はS極で、南極はN極ということになるんです（これは有名中学の入試問題に出そうですね）。

磁極は、平均すると数十万年ぐらいで逆向きになり、これを「磁極の反転」といいます。「平均」数十万年なので、数十万年おきに必ず起こるわけではありません

が、現在は地磁気が減り続けているので、このまま減り続ければ、あと千年ぐらいで地磁気はゼロになる計算です。そして、いったんゼロになってから地磁気は反転します。

え？　そんな話、聞いてないよ。一大事なのに、なんで政府は発表しないの？

たしかに環境省あたりが大騒ぎしても不思議ではありませんが、人類にとって千年という時間尺度は、遠い未来のことなので、政府や企業など、「いま」を生きるのに忙しい人々にとっては、あまり関係のない話題なのかもしれません。ただし、科学的には「地磁気がゼロになって反転する」というのは一大事なのです。

地磁気は、地球の周りに磁場を作り、宇宙から飛んでくる宇宙線を防いでいます。宇宙線というのは様々な粒子のことです。光の仲間のガンマ線、エックス線、電子やその仲間のミューオンという粒子など。宇宙から飛んでくるので「宇宙線」と呼びますが、基本的には「放射線」と同じものだと思ってもらってかまいません。

太陽からもたくさん飛んできます。太陽風も、粒子の集まりです。太陽の表面で大規模な爆発（太陽フレア）が起きたら、太陽風もしくは「太陽嵐《あらし》」が地球を襲います。

有害な粒子は、遠い宇宙からも飛んできます。たとえば、きわめて強力なガンマ線がビーム状になって飛んでくるガンマ線バーストという現象。いわば、地球は常時、外部からの粒子に総攻撃されているわけです。

人類は地磁気に守られている

宇宙飛行士は、宇宙ステーションに長期滞在すると、粒子をたくさん体に受けてしまいます。とても危険な仕事です。ある程度の年齢にならないと宇宙飛行士として認められないのはそのためで（あまり公《おおやけ》に語られることはありませんが）、子供や妊婦には危険があるのですね。

地球上の我々に関しては、宇宙線は大気圏で空気分子と衝突して姿を変えたり、消滅したりしますし、さらには磁場が防いでくれています。二重のバリアで守られているんですね。空気がなくなる心配はありませんが、磁場がなくなるということは、丸裸になるような状況なので紫外線も強くなり、皮膚がんも増えるでしょう。

いまから千年後に磁場がなくなって、バリアのひとつが消えると、細胞の核にしまわれているＤＮＡの突然変異もこれまでより頻繁に起きるようになります。まさに、有害な放射線に対して無防備になってしまうのです。そのとき、人類はどうすればいいのか。たとえば外に出るときには、防護服でも着なくてはいけないのかもしれません。

ただ、生物の種は、突然変異により「進化」する側面もあるので、地球の生態系全体として考えれば、新しい進化の契機になるかもしれません。それでも、地球規模の「進化」のために、人類が絶滅するのは、やはり怖いですよね。

地磁気の反転は、最近では八十万年前に起こりました。日本人の松山基範《もとのり》さんという人が地磁気の先駆的な研究をしていたので、「松山逆磁極期」と呼ばれています。

ここで、これまでの、生物の大量絶滅した時期をまとめてみましょう。

まずは白亜紀の末。今から六千五百万年前です。それから三畳《さんじょう》紀の末。これが二億一千万年前。それからペルム紀の末。二億四千八百万年前ですね。ちょうど、地磁気の反転と重なるように、生物の大量絶滅が起きています。ただ、「地磁気の反転」イコール「大量絶滅」ではありません。というのは、八十万年前にも起きた地磁気の反転の際は、大量絶滅は起きていないからです。

おそらく、大量絶滅は、地球規模の気候の大変動と地磁気の反転が重なったりして、複合的な要因によるのではないでしょうか。

生物の大量絶滅は過去に一一回

ちなみに、過去に生物の大量絶滅は、先程の三回を含めて計一一回起きています。過去五億四千万年の間で、大量絶滅が一一回。うーん、多いのか少ないのかわかりませんね。

そのうちの五回は規模が大きくて、全生物の七割から八割が絶滅しました。もっとも最近に起きたのが、先程も話に出た白亜紀末です。このときは、恐竜が絶滅しました。そして、海洋生物の実に七六パーセントが絶滅したのです。原因は、巨大隕石の衝突だと言われています。宇宙から飛来した隕石がメキシコのユカタン半島北部を直撃したんです。今ここに直径一八〇キロメートルのクレーターがあります。宇宙から見るとクレーターが円状になっているのがわかる程で、巨大隕石の衝突により、ものすごい爆発が起きたことがわかります。世界中に粉塵《ふんじん》が舞い上がり、大津波が地球を何周もしました。

地球全体がススで覆われて寒冷化が起こり、異常気候となった。それが大量絶滅の理由とされています。ただ、計一一回の大量絶滅の原因が全て隕石かというと、どうもそうではないらしいのです。

地球内部から「メタンハイドレート」という物質が出てきたことが原因だという説もあります。地球規模の火山爆発のようなイメージですね。海底の至るところからドボドボドボと、メタンハイドレートが出てきたといわれていますが、真相は謎のままです。

絶滅の運命は一億年前に決まっていた

実は、巨大隕石の話には、おまけがあります。もうちょっと詳しくお話ししましょう。

一九七八年、メキシコのユカタン半島で石油採掘中に、直径一八〇キロのクレーターが発見されました。これが、前頁でも話が出てきた白亜紀の隕石です。あまりにも大きすぎて円状のクレーターだとは、誰も思っていなかった。ただのくぼ地というか、地形のひとつだと思われていました。

隕石の直径は一〇キロメートル。とてつもない大きさで、それが空から降ってくるわけです。一〇キロメートルといえば、私が住んでいる横浜から川崎までの一帯が丸ごと潰されてしまう大きさです。みなさんが空を見上げると、大都市二個分の大きさの黒い塊《かたまり》が、時速一万キロという想像を絶する速さで「降ってくる」んです（燃えているから実際には真っ赤に見えるのでしょうが）。最新鋭のボーイング787の巡航速度がだいたい時速九〇〇キロメートルですから、隕石の落下速度は、飛行機の一〇倍以上ということになります。

「杞憂《きゆう》」というのは、空が落ちてくる心配をする人間の愚かさを皮肉る中国の故事に由来する語ですが、現代科学の観点からすると、空が落ちてくるというのは、実際にあるわけです。

さて、巨大隕石が落ちてくることに気づいたとしても、ものすごい速さですから、あなたは逃げられません。天文学者が一年前に、地球めがけて突進してくる巨大隕石の存在に気づいたとしても、その時点では、正確に地球のどこにヒットするかはわかりません。また、結果的に、クレーターの大きさが直径一八〇キロであることを考えると、一八〇キロ圏内は瞬時にして全滅するわけです。それこそ、東京から静岡あたりまでが「ぺちゃんこ」になるイメージですね。なんだか、怖いを通り越して、壮絶《そうぜつ》というか、凄惨《せいさん》というか……。その周囲も、時間がたつにつれて絶滅しているわけで、地球規模の大変動となりました。また数千メートルの津波も起こったそうですから、もうどこかへ避難するというような話ではありません。

この隕石がどこから来たのか、最近、明らかになりました。

火星と木星の間にある小惑星バティスティーナが原因だろうといわれています。一億六千万年前に、バティスティーナが別の小天体と衝突した。一億六千万年前の破片が一億年かけて、宇宙を猛スピードで漂いながら地球に落ちてくる。それがいまから六千五百万年前です。

ということは、**恐竜が絶滅する運命は、その約一億年前には決まっていた**ということです。つまり、大昔に「絶滅へのスイッチ」が押されていたんです。そして、地球上の生物は何も知らずに時を過ごしていたものの、運命どおり、一億年後に隕石が落ちてきた……。

この天体衝突の連鎖は、**「死のビリヤード」**と研究者から呼ばれています。一億六千万年前の小天体同士の玉突きが、巡り巡って地球に落下して生物の大量絶滅を引き起こす。たとえば、次に地球に落ちてくる隕石があるとして、それを現在私たちが心配したとしても、一億年ぐらい前にもしかしたら運命が決まっているかもしれないということです。そのスイッチは誰が押したのでしょうか。単なる偶然なのでしょうか。

『アルマゲドン』のように地球を守れる？

映画『アルマゲドン』は、地球に小惑星が接近し、それに人類が立ち向かうという危機を描きました。地球に接近する軌道を持つ小惑星を「地球近傍《きんぼう》小惑星（Near Earth Object）ＮＥＯ」といいますが、白亜紀の終わりの巨大隕石の衝突は、地球近傍小惑星だろうと言われています。

こういった衝突が、どれぐらいの頻度で起きるかというと、**直径一キロメートル程度の小惑星は百万年に数回、それから直径五キロメートル程度の小惑星になると一千万年に一回。もっと小さいものに関しては、毎月のように起きている**んですね。大気という名のバリアがなかったら、地球表面は、月の表面のようにクレーターだらけになっているはずです（過去に、雨あられのように隕石が降り注いだ時期がありますが、地球表面は動いているし、雨も降るので、ほとんど消えてしまいました）。

百万年に数回、一千万年に一回と言われると、それ程多くはないと思えますが、地球の年齢が四十六億歳なので、一千万年に一回来るとして単純計算すると何百回という回数になります。

直径五キロメートルの小惑星が物凄いスピードでやってくるわけですから、それは、たしかに恐竜絶滅の原因にもなるわけですね。

また、あまりに大きいものは人類絶滅の原因にもなりかねないので、NASAは小惑星の衝突について観察を重ねています。たとえば二〇〇二年四月、直径一キロメートルの小惑星が二八八〇年の三月十六日に、〇・三パーセントの確率で地球にぶつかると発表しました。

二八八〇年に〇・三パーセントの確率で当たるといわれても、どう対処すればいいのか迷いますね。また、二〇〇六年七月三日には、小惑星が地球から四二万キロメートルの位置を通過したそうです。**これは、小天体衝突のニアミスにあたります。**

あるいは、二〇〇八年十月七日には、小惑星が発見されてから一日で大気圏に突入してスーダン上空で爆発。その破片が隕石として回収されたそうです。

これも衝突のたった一日前にわかったので、発見が間に合うとは限らないわけです。現在の観測体制では、小さな天体の場合、このように、直前にならないと発見できないので心配です。

小惑星自体は光っていないので、太陽の反射があったりすることで、はじめて見つかるわけです。遠ざかると見失うことも多い。そのため、全部を把握しておくのは難しいようです。

映画『アルマゲドン』では、実際に人間がロケットで小惑星に近づき、穴を開けて核爆発させました。小惑星が硬い岩石でできているのならば、爆弾で粉々にするのは可能ですが、たとえば小惑星イトカワなどは中身がスポンジのようにスカスカで、とても軽いので、核爆弾を局所的に仕掛けて、粉々にできるのか微妙なところです。

もし、数年後に直径五キロメートルの小惑星が地球を直撃するとなったら、私たちはどうすればいいのでしょうか。

まず、半年ぐらいかけて軌道計算をすべきでしょう。そして、確実に隕石が来るとなったときに、全世界レベルで対策を講じて、どのように軌道をそらすのか、あるいは破壊するのかを考え始める。そして、実際にぶつかる一年ぐらい前に対処を始める。ロケットを打ち上げて、ミサイルを打ってもうまくいかなければ、最終的には人（もしくはロボット）が直接小惑星に近づきロケットを取りつけ噴射させて、軌道をずらす方法なども検討されるでしょう。

ただし、それで果たして小惑星をそらすことができるのかはわかりません。隕石がどこに落ちてくるかという予想はなかなか難しい。大気圏に突入して、どんな角度で入ってくるのか。途中で爆発するのか、それともかなりの大きさのままで地面にぶつかるのか、海に突入するのか。**そういった計算は、ほとんど不可能なのです。**

現実問題としては、パニックによる事故などを考慮すると、「ここ一〇〇キロ圏内は危ないから避難しよう」とはいかないのではないでしょうか。人工衛星を回収する、海に落とす、あるいは、はやぶさをオーストラリアで回収する。あれはきちんとコントロールしつつやっていますが、小惑星の軌道はコントロールできないからです。

巨大隕石の衝突が確実になったら、終末思想ではありませんが、怪しい宗教がはやったり、略奪が起こったりするでしょう。仮に全人類の六分の一が絶滅するとしたら、それは、まるで逃れられないロシアンルーレットのようなものです。その恐怖から逃れる術《すべ》を人類はもっていません。

地球は何度か凍りついた

地球規模の絶滅の可能性は、なにも空から降ってくる大魔王だけとは限りません。「全球凍結」による人類絶滅の可能性もあります。全球凍結は、英語で「スノウボール・アース（Snowball Earth）」と言います。**赤道も含めて地球上が凍りつく現象で、これが原因となって過去に生物の大量絶滅が起きた**と推測されています。

一番古い全球凍結が、ヒューロニアン氷河時代。二十四億五千万年前から二十二億年前です。それから後は、スターティアン氷河時代とマリノアン氷河時代。これが七億三千万年前から六億三千五百万年前です。

全球凍結が起きると原生生物でさえ大量絶滅します。原生生物とは、藻《そう》類、ミズカビ、アメーバ、ゾウリムシ、粘菌《ねんきん》。動物でも植物でもない、分類できないものたち。それが全球凍結の際に大量絶滅したそうです。

その後、様々な種類の生物が出てきました。多細胞生物も全球凍結後に出てきたという説があります。全球凍結が引き金となり、様々な生物種が出てきたという仮説です。

全球凍結はなぜ起きてしまうのか。そしてなぜ終息したのか。まだよくわかっていません。仮説はいくつかありますが、「これだ」という決定打がないのです。全球凍結すると、地球の表面全体が白い氷になる。そして、白い氷になると太陽の光が吸収されずに反射されます。すると、地球はもっと冷えるはずです。

いったん凍りついたらもう溶けないはずですが、現在私たちがこうやって暮らしているように地球は凍りついていません。推測としては、火山の爆発が考えられます。地球の表面は凍っていても地球内部は活動しているわけだから、火山が爆発することはありうる。そうすると二酸化炭素が出てくる。それが温暖化ガスとなり、地球温暖化が起きた。その結果、「全球凍結」が解除された、という仮説がありま す。

しかし、本当のところはわかっていません。**いま、地球は温暖化が問題にされていますが、逆に凍りついて人類が絶滅する可能性もあるのです。**うう、真っ白な地球を想像するだけで、なんだか悪寒《おかん》が走りませんか。

地震と津波と原発

地球上で起こりうる最大の地震はM一〇

二〇一一年三月十一日に起きた東日本大震災の規模は、当初マグニチュード八・八といわれていましたが、その後九・〇に修正されました。当初の計算では、阪神淡路大震災の三五五倍のエネルギーでしたが、それは間違いでした。

マグニチュードには二種類あります。気象庁のマグニチュードと世界標準のマグニチュードです。阪神淡路大震災のマグニチュード（以下、M）七・三という数字は、気象庁の基準で、世界標準でいうとM六・九になります。

東日本大震災では、気象庁基準ではなくて世界標準のマグニチュードで発表されました。それがM九・〇。つまり、本来比較すべき数値だったM六・九とM九・〇で計算をすると、エネルギーは「一四〇〇倍」になります。阪神淡路大震災のエネルギーの一四〇〇倍のエネルギーが東日本を襲ったということです。

なぜそんなにも大きい地震が起きたのでしょうか。ちなみに**地球上で起こりうる最大の地震で、いまのところ想定されているのはM一〇で、東日本大震災の三〇倍のエネルギー**です。地球上で、それ以上の地震は起こりえないと考えられています。

そのように考えると、今回は本当に大きな地震だったのです。日本に関していうと千年に一度の出来事です。千年以上前に、今回のような大津波が東北地方を襲い、内陸までを襲った痕跡《こんせき》が東日本大震災前に見つかっていました。しかし、そういった基礎研究には予算もつかず、防災に活かされることもなかったのです。

宮城県には、荒浜《あらはま》という地名があります。大震災で大規模な被害が出た場所です。これは、私の想像ですが、「荒浜」という言葉は、もしかしたら過去に大津波に襲われたことがあり、その由来が地名として残っているのかもしれません。

三〇メートルを越す津波は過去にもあった

東日本大震災では、津波は最高四三・三メートルの高さにまで達したことが、わかっています。過去には、明治三陸地震津波では三八・二メートルという記録が残っているから、それを越えた高さですね（高さ一〇メートルの津波でも、勢いがあるので、三〇メートルの高さにまで昇ることがあります）。

今回の地震では、ハザードマップがまったく役に立ちませんでした。「ここまで避難すれば大丈夫」と、あらかじめ想定していた場所まで避難したにもかかわらず、その避難所で津波に呑《の》まれ、亡くなった方が大勢います。

やはり、自然災害を人間の科学力で想定して防ぐことには限界があるのでしょうか。想定されていた四つの地震が同時に連動して起こったことも驚きでした。今回は五〇〇キロメートルの長さにわたり、プレートの境界面がずれました。**政府も五〇〇キロメートルの間に、四つの大地震が起こりうることを想定してはいましたが、それが連動するとは思わなかった**のですね。単発でひとつずつ、マグニチュード七から八くらいの規模の地震が起きる、という想定でした。おそらく、今回も単発の地震であればこんなにも多くの犠牲者は出なかったでしょう。

もちろん、連動型地震もありうると警告していた専門家はいます。**人間は、どんな最悪の状況も想定はできる**んです。**ただ、想定しうる全ての状況に対応できるか**というと——。それは難しいのが現実です（予算には限りがありますから、千年に一度の災害を警告しても、国会で予算が認められないでしょう）。

危ないのは放射能？　放射線？

そして、原発の問題です。原発の事態がここまで悪化することについて、多くの人は想像していませんでした（私もかつて原子核物理学を専門的に学んだサイエンス作家という職業にもかかわらず、これ程の被害は想像できませんでした）。格納容器に亀裂が入りましたが、格納容器は二七ミリの鋼鉄製です。よほどのことがない限りは壊れない。格納容器の中の気圧は四気圧です。内部の水蒸気を使ってタービンを回すので圧力が高いんです（私たちの周りは一気圧です）。設計上は一二気圧までは耐えられるとされていました。今回、もっとも危ないときは内部の圧力は八気圧まであがっています。設計上の許容範囲である一二気圧までは爆発しないはずですが、通常の二倍に気圧があがったわけで、相当危ない状況に陥《おちい》ったのです。

もし、格納容器が壊れて爆発すると、中にある核燃料が全部吹き飛びます。それが、今回想定された最悪の状態でした。たとえば、チェルノブイリ原発の事故の場合は本当にすごい爆発で、信じられないことに、そもそも格納容器がなかったのです。チェルノブイリ原発は非常に古い原子炉で、格納容器がなくて建屋《たてや》しかありませんでした。

福島の原発内の水たまりでは、放射能の数値が異常に高くなっていました。通常運転しているときの炉内の水と比べて一〇万倍。核燃料が破損して放射性物質が出てしまったのですね。

原発事故が怖い理由のひとつは「放射能が見えない」ということですね。そして、私たちは、これまで放射能についてほとんど何も知らなかったということです。人間は知識がないものに強い恐怖を覚えます。

また、言葉の定義にも問題があります。マスコミがよく使っていた「放射能が来る」「放射能が東京にやってくる」というのは科学的に間違いです。

放射能は、「放射する能力」のことなのです。放射する能力が来るというのは意味として成立しない。**来るのは放射性物質**です。そして、**放射性物質から放射線が出る**わけです。

放射性物質は元素で、たとえばウラン235や、ヨウ素131、セシウム137という具合に、原子核の重さがそのまま数字になっています。原子核はたくさんの中性子と陽子からできていて、数字は、その重さと大きさを表しているんです。ウラン235が核分裂によって分裂したとします。すると、大きさは小さくなります。核分裂によって生まれた「破片」、すなわち新たな核種《かくしゅ》が、たとえばヨウ素131やセシウム137なのです。

そして、核分裂の際に出てくるのが放射線です。原発の事故で「放射線って何？」という話が数多く出ました。でも、実は学校で誰でも教わっています。中学や高校の教科書には、アルファ線、ベータ線、ガンマ線が紹介されています。名前の由来は、二十世紀初頭、まだ放射線の正体がわからない時期に、アルファ、ベータ、ガンマとつけていた仮の名前です。

現在、その正体はわかっています。アルファ線はヘリウムの原子核です。ヘリウムは、一番軽い元素である水素の次に軽い。水素は真ん中に陽子が一個あります。一個の陽子が原子核で、その周りを電子が回っています。ヘリウムは、陽子が二個です。ただし中性子も二個あるので計四個になります。だから、ヘリウムは重さが四。陽子が二個あるので、プラス二の電荷をもっています。原子核の陽子二つがもっている電荷を打ち消すように、周りを電子が二つ回るんですね。このヘリウムの原子核がアルファ線です。

アルファ線は、実は紙一枚で遮蔽《しゃへい》できるんです。紙を一枚かざすだけで、飛んできたアルファ線は止まります。

放射性物質を使った暗殺事件

このアルファ線を用いたとされる暗殺がありました。二〇〇六年に、ロシアのアレキサンドル・リトヴィネンコが、旧KGBの暗殺の手法で、ある種の放射性物質を食べさせられて毒殺されたのです。

手口はいたって簡単。チューインガムの包み紙に放射性物質を包んで持っていれば、殺し屋は被曝《ひばく》しないですみます。まさに紙一枚で防げるわけです。そして、アルファ線を出す放射性物質を、飲み物か食べ物に混ぜたのでしょう。ほんの少量でも、体内に入ったらもうアウトです。**放射線被害で怖いのは体内被曝**です。吸い込んで肺に入ったもの、食べて体から吸収されたものはもう取り除けません。原発事故の後は、乳幼児に水を飲ませないように注意が出ていましたが、体内被曝は本当に危険だから、汚染された水を飲んではいけないんです。

体外の被曝、すなわち外部被曝は、強力でない限り、ある程度までは大丈夫です。**外部被曝の場合、放射性物質が体についたら、洗い流せばいい**からです。それがよく言われている放射能洗浄《せんじょう》です。放射性物質は基本的に花粉や細菌と同じ対処でよく、洗えばいいんです。大学の物理学科などで放射線の授業を受けるときに、担当教授が強調するのは、「体内に入れるな」ということです。空気と一緒に吸い込む、飲む、食べる。これが危険なのですね。

体内に入ると、放射性物質は完全に崩壊するまで放射線を出し続けます。原発事故の処理にあたっていた東京電力の協力社員の方が、ベータ線熱傷《ねっしょう》で足を痛めました。あれはベータ線によるやけどで、体外被曝だから、(被曝しないほうがいいに決まっていますが、それでも) 体内被曝程の心配はいらないわけです。最悪の場合、皮膚を移植すれば大丈夫なのです。

また、傷口があったとしても洗浄して落とせばいいので、傷口から中に放射性物質が入ることはまずありません。チェルノブイリのときには、乳幼児が、乳製品を通じてヨウ素131をたくさん摂ってしまい、甲状腺《こうじょうせん》がんが多発しました。子供が放射性物質を体内に取り込み、内部被曝し、それがガンになったら二十代、三十代で発症することだってあります。これは大変怖い状況です。

ベータ線やガンマ線ってなに?

次は、ベータ線について説明しましょう。ベータ線の正体は「電子」あるいは「陽電子《ようでんし》」です。この二つは単に符号が違うだけですね。電荷の符号がプラスかマイナスか。電子は符号がマイナスで、陽電子はプラスなんです。**ベータ線を遮蔽するには、紙一枚では駄目で、数ミリのアルミが必要**になります。鉛《なまり》などの金属でも遮蔽できますが、重さを考えるとアルミが最適でしょう。

もうひとつがガンマ線。これは要するに「強い光」です。我々が普通に見ている光よりもエネルギーがすごく大きい。光が「粒子」であることを強調するときは「光子《こうし》」と呼びます。光の一粒が持っているエネルギーの大きさによって、名前が変わります。

その中で一番強いのがガンマ線、もう少し弱くなるとエックス線。そのように、一粒のエネルギーによって、どんどん名前が変わり、可視光、それから電波となります。電波も、波長が違うだけで光の一種なんです。

波長とエネルギーは、逆数の関係にあります。電波は、とても波長が長いのですが、波長が長いぶんエネルギーは小さくなります。一個、一個、光として持っているエネルギーが小さい。逆にガンマ線のように波長が短くなっていくと、エネルギーは大きくなります。

一個の光が持つエネルギーが大きいと破壊力も増します。エックス線は、レントゲン写真に使われているようにエネルギーが強いから人間の体を透過《とうか》するわけです。それに対して可視光は、たとえば部屋の中でライトに向けて手をかざしても透過しません。これはエネルギーが弱いので、皮膚で止まってしまうからです。

しかし、ガンマ線はかなり強いので、体の内部まで入ります。だからガンマ線を浴びすぎると非常に危険です。

最後に、放射線には中性子も含まれます。これは原子核を作っている「部品」です。中性子は水と反応するから危険です。人間の体は、六〇パーセント以上が水分なので相当なダメージを受けてしまいます。ただし、中性子が出ているのは基本的に原子炉の中だけなので、私たちが怖がる必要はありません。

原発、火力、水力――死者が多いのは？

現在は、多くの人が「原発反対」になっています。あれだけの事故が起きたのですから当然でしょう。でも、これはいまに始まったことではありません。これは私の推測ですが、原発は「怖い」科学技術の典型ではないでしょうか。もちろん、唯一の被爆国として、日本が原爆に恐れと嫌悪感を抱き、地球上から核兵器をなくそう、と主張していることと、その派生技術である原発への感情とが、無関係とは思えません。

私も幼子を抱えているので、原発事故直後に水道水が汚染されているニュースを聞いて、気が気ではありませんでした。

しかし、私は**原発も怖いけれども、原発を全てなくして、エネルギーが足りなくなるのも怖い**と感じています。チェルノブイリの現場となったウクライナは、その後、原発を廃止しました。その結果、何が起きたかというと、エネルギー不足によ る政情不安でした。隣国ロシアからの天然ガスの供給に頼らざるをえなくなったのです。そして、ロシアは、ウクライナへの天然ガスの供給をストップして、政治的な「脅《おど》し」をかけたのです。

みんな、チェルノブイリ事故の怖さを語りますが、原発をやめたらやめたで、まったく別の怖いことが起きてしまったわけです。

地球を一つの「生命体」と見なす「ガイア仮説」で有名なジェームズ・ラブロックという人が『ガイアの復讐』（ジェームズ・ラブロック著）という本を書いています。その中に興味深い数字があります。

テラワット（一兆ワット）のエネルギーをつくるのに、「どれぐらいの人が死ぬか」という話があります。で、それを見ると、火力発電に使われている石炭――いまは液化天然ガスが多く使われていますけど――、あるいは水力発電と比べると、実は原子力で死ぬ人の数は少ないんです。つまり、原子力発電所で人が死んだというイメージがありますが、圧倒的に死者の数が多いのは火力発電と水力発電なのです。

火力発電所は、化学プラントなので、小さな爆発が起きて、人が死ぬことがあります。また、石炭などの採掘で事故が起きて人が死ぬことも多いのです。水力発電のためのダムの決壊もあります。それと比べたときに、原子力発電では人はあまり死んでいないのです。

もちろん、これは「発電量あたり」という条件つきの比較であることを忘れてはなりません。

各種の発電により、どれくらい寿命が縮まるかを計算している人がいます。『衰退するアメリカ』（アラン・E・ウォルター著）という本に載っているデータでは、喫煙や原子力を比較しています。

いったいどれくらい寿命が縮まるのか。原子力は――原子力に「反対」している科学者団体の試算では二日だそうです。**原子力があることによって、我々一般人の寿命は二日縮まる**んです。これは、現実に原子力によって死んだ人、被曝した人たちの数字を入れて平均値を取った数値です。

それから、アメリカの原子力規制委員会というところがはじき出した数値によれば、二日ではなくて〇・〇五日。〇・〇五日だから「二十四時間×〇・〇五」で約一時間ですね。二日にしろ、一時間にしろ、意外な数字だといえるでしょう。

タバコを吸う人と結婚すると、副流煙《ふくりゅうえん》などが原因で寿命は五十日縮まります。また、肺炎やインフルエンザにかかった場合は百五日縮まる。

意外なのはエイズです。エイズにかかると五十五日縮まります。つまり現在では、**エイズであることがわかれば**、**発症しないように薬を飲むことで対応できるので**、**肺炎やインフルエンザよりも**、**寿命に関する危険率は低い**のです。

それから、ガンは千二百四十七日寿命が縮まります。こうなると、もう年単位ですね。心臓病は千六百七日。いずれもアメリカのデータですが、**ガンよりも心臓病のほうが危ない**ということです。

我々は、原発は怖い、命にかかわる、と思っていますが、科学的なデータは、タバコや心臓病のほうが怖いことを教えてくれます。もちろん、それで原発が怖いという気持ちが変わることはないでしょう。**我々は理詰めでデータを分析して怖がるのではなく**、**怖いから怖い**のですから。

未婚だと寿命が縮む？

ちょっと脱線気味ですが、本当は何が怖いのかを知るために、もうちょっと寿命の縮み方について補足しておきましょう（本当は番外編に入れてもよかったのですが、原発とのからみでお話ししているので、続けます）。

「未婚の男性」であることで、寿命は三千日縮まります。一生未婚の男性は、結婚した男性と比べて三千日寿命が縮まる。健康面と心理面の両方に理由があるのでしょう。ちなみに、未婚女性の場合は千六百日で男性の半分です。

それから、お酒の飲み過ぎが三百六十五日。ほぼ一年。自動車事故は二百七日。それから怖いのは貧困で、三千五百日縮まるそうです。つまり、貧しいと早死にするということです。また、炭鉱夫は千百日です。炭鉱で働くことは、身体に悪そうなイメージがありますが、それよりも貧しいほうが寿命は縮まるということです。それから、放射線作業従事者、医療関係、原発勤務の人は二十三日縮まるそうです。

こうやって眺めてみると、私たちが漠然とイメージするものと実情が違いますね。こういった統計数字を知っているから、これまでは科学者の多くは、原子力が怖いとはいわなかったんですね。確率的には、むしろ火力発電などのほうが人は死んでいました。

ところが、これは不思議な現象なのですが、飛行機事故と自動車事故を比べたときに、人間は飛行機事故のほうが怖いものなのです。

現実には、自動車事故と飛行機事故で死ぬ人の数を比べると、毎日交通事故が起きている自動車のほうが、はるかに危ないともいえます。しかし、私たちは車には乗り、飛行機は怖いと思う。飛行機に乗るときには、ちょっぴり「墜《お》ちるかもしれない。死ぬかもしれない」と思う人は多いのですが、車を運転するときにはそんなことはあまり考えません。

人間はひとりずつ人が死んでいく事象に関しては、あまり危険を感じない。怖さを感じないんです。ところが一度に多くの人が死ぬであろうことに関しては、ものすごく怖がる。火力発電について多くの人が怖がらない理由は、トータルでの死者は多くても、一度の大事故が起きて大勢の人が亡くなったということにはなっていないからです。

実際の危険率は低くても、大災害が思い浮かぶものは怖い。飛行機が落ちたら数百人死ぬとイメージできるから怖いんです。原発に関しては、死者の数ではなく、放射能汚染の被害が広域にわたっていることや、目に見えない放射線、さらには情報不足によって怖さが増幅されているのかもしれません。

いずれにしろ、**統計が示す数字に比例して怖くなるのではなく、むしろその逆であることは、理性と感情が、人間の心の二つの相反する側面であることを示しているのでしょう。**

活火山が一一一個!? 火山列島日本

世界の活火山の七パーセントは日本

火山は、大変に怖い自然災害のひとつです。二〇一一年、新燃岳《しんもえだけ》が噴火して大きく報道されました。富士山がいつ噴火するのかという話もありますね。気象庁によると、いまの日本には一一一個の活火山があります。これは、**現在も噴火活動があるものと**、それから**過去一万年の間に噴火したもの**が含まれます。

長期的に見た場合と短期的に噴火しているもの、両方の視野が必要です。基準は二つあり、現在と過去一万年。そして、一一一という数は、全世界の活火山の七パーセントにあたるそうです。

地震は来る、津波も来る、火山は噴火する——日本は本当に自然災害の多い国なのですね。

活火山は、三つにランク分けされます。一番活動的なのがAランク。これは、有《う》珠山《すざん》、三宅島《みやけじま》、雲仙普賢岳《うんぜんふげんだけ》など十三カ所です。

次に活動的なBランク。蔵王《ざおう》、富士山、そして新燃岳も含まれる霧島山《きりしまやま》。これらは、三十六カ所です。

それから活動度が低いCランクが三十八カ所。八甲田山《はっこうださん》、八丈島、阿武《あぶ》火山群などです。

データがないところもあります。まず、伊豆諸島の海底火山はデータがないのでわからない。海底火山については、海底まで潜って調べられないし、過去の記録も残っていないからわからないんです。それから、北方領土の火山もデータ不足です。それらが二十三カ所あります。

改めて怖さを感じるのは、新燃岳がBランクに入っていることです。Aランクではないんです。「Aランクに入っているから噴火した」のであればわかりますが、「Bランクに入っている火山でも噴火した」ということです。こうなると、ランキングはあまりあてにならず、**活火山ならいつ噴火してもおかしくない**、と考えておいたほうがよさそうです。

二〇〇四年、浅間山が噴火したときは観測体制が充分でなかったという反省があったにもかかわらず、今回の新燃岳の場合も、噴火してから、ようやくGPSを設置するなどの観測体制が敷《し》かれました。

日本は火山国であるのに、対策にお金をかけていないので観測ができていないんです。Bランクの火山が噴火したということは、日頃からしっかりと調べていれば「そろそろ噴火するから、Aランクに上げよう」という話になったと思いますが、そうなっていない。

さらに怖いのは、同じBランクに富士山が入っていることです。富士山の前回の噴火は江戸時代の一七〇七年（宝永《ほうえい》大噴火）。将軍綱吉《つなよし》の治世で、元禄文化華やかなりし頃です。富士山から一〇〇キロメートル離れた江戸にも火山灰が積もったそうです。**この噴火の四十九日前には（今の区分で）東海地震と南海地震が連動して大地震が起きています。**

東日本大震災の際も、富士山の直下で地震が起きたため、富士山が噴火するのではないかと緊張が走りました。富士山の噴火は、いつ来てもおかしくないのです。

［追記］二〇一四年九月の御嶽山《おんたけさん》の噴火では登山者ら五八名が死亡し、戦後最悪の

火山災害となりました。前兆現象をとらえることができなかったためです。そして、この火山も……Bランクなのです。

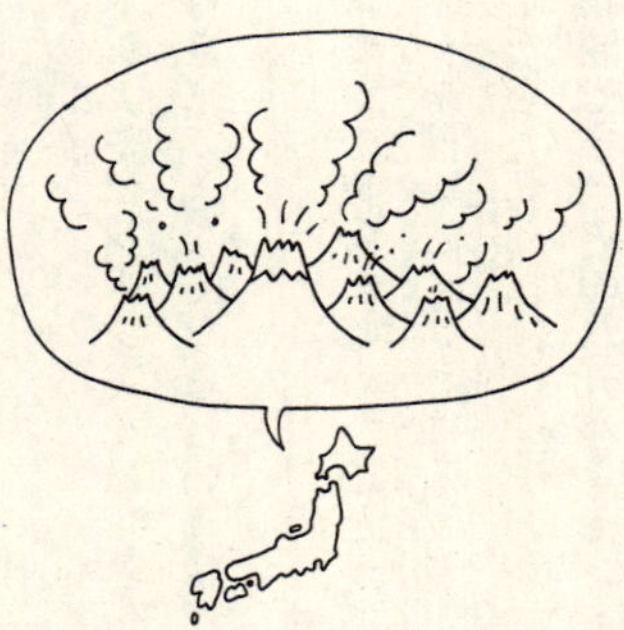

原因はヤシの木？　減少する熱帯雨林

いま、熱帯雨林がどんどん減っています。インドネシアやマレーシアでは、熱帯雨林の減少が原因で、オランウータンが川の両岸を行き来できなくなるという状況が生じています。

熱帯雨林が減っている理由のひとつとして、パームヤシの栽培を始めたことがあげられます。熱帯雨林を伐採して、その後にパームヤシを植える。いわゆるプランテーション（大農園）によって、熱帯雨林が減っているのです。

いまやパーム油は世界でもっとも使われている植物油です。その八五パーセントはインドネシアとマレーシアが原産国です。インドネシアでは、一九九〇年には一〇〇万ヘクタールだったパームヤシのプランテーションが、二〇〇二年には五〇〇万ヘクタールになりました。その七割は熱帯雨林の開発によるものだといわれています。また、マレーシアの場合、一九九〇年には一七〇万ヘクタールだったのが二〇〇五年には四〇〇〇万ヘクタールにまで増え、マレーシア国土の一二パーセントを占めるまでになっています。

私はバカンスでよくマレーシアに行くのですが、首都クアラルンプールの空港（日本人の故黒川紀章《きしょう》が設計したそうです）に到着する寸前、あたり一面のパームヤシの農園を見ていました。最初のうちは「熱帯らしくてきれいだな」などと呑気に考えていたのですが、何回目かに見たとき、あまりの「一様性」に怖さを覚えるようになりました。広大な敷地が完全に一種類の植物で覆われている不気味さ。「昔はどんな植物が生えていたんだろう」と想像を巡らせ、極端な開発によって失われたものの大きさに気づいたのです。

それにしても、どういう原因でパームヤシが増えて、熱帯雨林が減っているのか。それを示すデータがあります。

たとえば、毎年パーム油を使うことにより、**日本人は一人当たり、だいたい一〇平方メートルの熱帯雨林を消費している**そうです。一〇平方メートルだから、三メートル×三メートルくらいのスペースですね。やや使いすぎている気もします。

ちなみに、日本人が一番使っている油は、菜種《なたね》油だそうです。天ぷらなどもそうですが、日本人の食生活ではパーム油よりも菜種油のほうが使いやすいようです。ただ、パーム油は、食用だけではなくて、石鹸《せっけん》などにも使われています。熱帯雨林を犠牲にしてまで、石鹸を作らなくてもいいだろうという人もいます。とはいえ、その国の経済活動もあるので、たとえばマレーシアに「もうやめなさいよ」「熱帯雨林を残しなさいよ」というだけでは問題の解決にはなりません。なんらかの代替案が必要です。

地球規模で考えた場合、プランテーションよりも熱帯雨林のほうがCO_2をたくさん吸収しているので、地球温暖化の面でも問題が残ります。もともと熱帯雨林の土地は、泥炭地《でいたんち》なのですね。これは、水に浸かっていて、死んだ植物などがそのまま腐らずに（分解されずに）有機物として残っている土壌です。

カヤックの自然ツアーで、川に浮いている「油」を見ました。日本人の私は、「川が汚染されているのだ」と思っていましたが、ガイドさんは「これは有機物だ」と説明してくれました。日本の「きれいな川」と熱帯雨林のそれとは、まったく姿が異なることに衝撃を受けました。**熱帯雨林が開発されてパームヤシ農園になると、この土壌に蓄えられていた炭素が大気に放出され、地球温暖化を助長してし**

まうのです。

我々が何気なく食事をしたり、石鹸で体を洗っているうちに、熱帯雨林が消えてしまい、絶滅危《き》惧《ぐ》種の動植物をさらに追い詰め、地球温暖化に加担してしまうのだから、とても怖いことです。

【参考】http://www.foejapan.org/forest/palm/

本当は足りない？　日本の水

一人当たりではサウジアラビアの半分程度

エネルギーがなくなるのと同じくらいに怖いのは「水」です。水がなくなると、本当に何もできなくなります。

日本は、水が豊富にあるというイメージがあります。東日本大震災の直後のように、ペットボトルの水が売り切れたりはしますが、水道があるので基本的には大丈夫だと思っている。

ところが、実際はそうではないことを示す興味深い数字があります。国民一人当たりの降水量、つまり、雨がどのぐらい降っているかを計算すると、**日本はサウジアラビアの半分程度の降水量**なのです。信じられますか？　ウソみたいですが、科学的なデータです。

国民一人当たりの年間降水量は、日本が五一一四立方メートル。サウジアラビアが九九四九立方メートル。**日本の量は、世界平均の三分の一。**つまり、日本人は一人当たりでいうと、あまり多くの水を持っていないということです。

日本は降水量も多いけれど、人口も多い。サウジアラビアは降水量は少ないけれど、人口も少ないので何とかなる。ちなみに国民一人当たりの降水量が一番少ないのはシンガポール。**シンガポールは、日本やサウジアラビアより一桁《けた》少ないので**す。

シンガポールは水が足りていません。これは、都市国家であることが影響しています。ダムなど、水を貯める国土があってはじめて水が飲めますが、シンガポールは人口密度が世界第二位の都市国家であるように、都市でない部分の国土が狭いんです。そうすると、水を買うしかなくなります。シンガポールは、隣国マレーシアから主に購入していますが、二〇一〇年の契約更新時には、水の値段が一気に一〇〇倍にはね上がりました。足元を見られて「ふっかけられた」ということですね。シンガポールは、マレーシアから「あなたに水は売らない」と言われたら終わりです。これは「水の安全保障」という大問題なのです。

国家は、常にエネルギーと水と食料をある程度自分で確保しておかないといけま

◆世界各国の降水量

国名	人口（万人）	面積（千 km²）	年降水量（mm/ 年）	年降水総量（km³/ 年）	人口一人当たり年降水総量（m³/ 年・人）	人口一人当たり水資源量（m³/ 年・人）
カナダ	3,115	9,971	522	5,205	167,100	87,970
オーストラリア	1,889	7,741	460	3,561	188,550	18,638
アメリカ合衆国	27,836	9,364	760	7,116	25,565	8,838
世界	605,505	135,641	973	131,979	21,796	7,044
日本	12,693	378	1,718	649	5,114	3,337
フランス	5,908	552	750	414	7,001	3,047
中国	127,756	9,597	660	6,334	4,958	2,201
インド	101,366	3,288	1,170	3,846	3,795	1,244
サウジアラビア	2,161	2,150	100	215	9,949	111
エジプト	6,847	1,001	65	65	951	34

（注）

1．日本の降水量は昭和 46 ～平成 12 年の平均値である。世界及び各国の降水量は 1977 年開催の国連水会議における資料による。
2．日本の人口については国勢調査（平成 12 年）による。世界の人口については United Nations World Population Prospects, The 1998 Revision における 2000 年推計値。
3．日本の水資源量は、水資源賦存量（4,235 億 m³/ 年）を用いた。
世界及び各国については、World Resources2000-2001（World Resources Institute）の水資源量（Annual Internal Renewable Water Resources）による。

【参考】http://www.mlit.go.jp/tochimizushigen/mizsei/junkan/index-4/11/11-1.html

せん。日本も、食料自給率と同じくらいに、水の自給率とエネルギーの自給率も意識したほうがいいのではないでしょうか。

地球上で飲める水の量は？

いきなり怖がらせてすみません。もちろん、シンガポールと違って、現状の日本は水が足りています。だから心配はいらないようですが、それでは、地球上でどれぐらいの水が飲めるのか、考えてみましょう。

地球上の水は、一四億立方キロメートルあります。一四億立方キロメートル、つまり一辺が一キロの立方体が一四億個。莫大な水ですが、その九七・五パーセントまでは海水です。そして、氷も含めた地球上に存在する水のうち、飲める真水は、たった〇・〇一パーセント。一四億個の中の一〇万個でしかない。水の惑星といっても、その大部分は海の塩水であり、真水は意外と少ないのが現実です。

ここで重要になるのは、バーチャルウォーターという概念です。これは、**間接的に使っている水**のことです。いま、**日本は食料の六〇パーセントを海外から輸入し**ています。たとえば、トウモロコシを輸入している。ところがトウモロコシは、水を使わないと栽培できません。つまり、トウモロコシを輸入している時点で、間接的に水を使っていることになります。これがバーチャルウォーターです。トウモロコシを作っている国で干《かん》ばつが起こり、水がなくなるとします。そうすると、トウモロコシが採れなくなるわけです。だから、日本の水だけでなく、バーチャルウォーターまで含めて、「世界の水」という観点で考えていく必要があります。日本は水があるから安心などとは言っていられません。

世界的に水不足になれば、日本には「食料」が入ってこなくなる。日本の食料自給率は四〇パーセントですから、非常に困った状況になります。

バーチャルウォーターとして、日本がどれくらい水を海外に依存しているかを考えて、世界的に進んでいる砂漠化を防ぐ――そういう国際貢献も必要で、水不足はいずれは他人事《ひとごと》ではなくなるということですね。

あなたは世界の水不足で、日本人が「飢える」という事態を思い浮かべることができますか？　かなり難しいのではないでしょうか。経済が低迷を続けていても、いまなお日本は「飽食」の国です。食卓やレストランで山のような残飯が捨てられているではありませんか。

もしかしたら、本当に怖いのは、数十年先に迫っているかもしれない世界的な水不足と、そこから派生する食料不足を日本人が想像すらできなくなっていることかもしれません。よく「平和ぼけ」という言葉を耳にしますが、迫り来る危機を察知できない日本に将来はあるのでしょうか。

超巨大津波の可能性⁉

最大の津波はどれくらい？

東京大学地震研究所の田中宏幸さんに聞いた怖い話です。一四〇頁で、地球で最大の地震の話をしましたが、では、最大の津波はどれくらいになるのでしょう？

もちろん、巨大隕石が宇宙から飛んでくるようなアルマゲドン級は別にして、いまの（それなりに）平穏な地球環境の中では、最大で何メートルの津波が予測されているのでしょうか。

読者はびっくりして腰を抜かすかもしれません。なんと、**高さ一〇〇〇メートルの超巨大津波が起きる恐れが指摘されている**のです。その場所はアフリカ西海岸にあるカナリヤ諸島。ラ・パルマ島の三分の一の部分に斜めの断層が発見されていて、火山の噴火が引き金となり、巨大な土塊《どかい》が海に落ちると、ちょうど風呂に子供が飛び込んだときのように、一時的に海面が異常に隆起してしまうのです。

一〇〇メートルというのは、想像を絶する高さです。高さ六三四メートルの東京スカイツリーよりはるかに高い津波なんです。高さ一〇メートルの津波により、東日本大震災では二万人近い死者・行方不明者が出たことを思えば、高さ一〇〇〇メートルの津波がどんなことを意味するのか、おわかりいただけるでしょう。

ちょっと脅かしすぎたかもしれません。

高さ一〇〇〇メートルというのは、あくまでも土塊が落ちた周辺の海域という意味で、そこから地球全体に津波が拡がる過程で、徐々に低くなってゆき、ニューヨークに達する頃には高さ一〇メートルにまで下がるといわれています。また、一〇〇〇メートルというのは、土塊の大部分が一気に海に崩落した場合の数値であり、実際には、これよりもはるかに低い津波になる可能性が高いので、過度の心配は禁物です。

田中さんは、ミューオンという素粒子を使って、火山の内部を透視する研究の第一人者ですが、ラ・パルマ島の断層の具合や火山の噴火の兆しなどを事前に察知してもらいたいものです。人工的に土地の一部を崩したり、逆に補強したりして、一〇〇〇メートルの巨大津波の「芽」を摘《つ》んでほしいものですが、はたしてそんな大規模な土木工事が可能かどうか、わかりません。

いずれにしても、我々がほとんど気づかないところに、人類滅亡の原因となりうる危険が潜んでいることに驚きを禁《きん》じえません。知らないことが、いちばん怖いのかもしれませんね。

Part 5

科学者にまつわる怖い話

怖い科学者の系譜

原子力爆弾と水素爆弾

科学者は、世間から「怖がられる」ことが多いのではないでしょうか。特に、物理学者は原爆と水爆を開発した人たちなので怖いイメージがあります。

たとえば、アインシュタインが発見した「$E=mc^2$」という数式。これは、原子力爆弾――原爆の原理になります。同時に原子力発電のエネルギーを取り出す原理でもあり、さらには、星が輝いている原理でもあります。

「$E=mc^2$」という数式がなければ、物理学者は核分裂からエネルギーを取り出そうとは考えなかったでしょう。原理となる数式があってはじめて、エネルギーの取り出し方がわかるわけです。

原爆のエネルギーの取り出し方について説明しましょう。核が分裂したときには、中性子がどんどん増えていきます。核分裂により、まず中性子が二個出る。

それぞれがウランにぶつかって、また核分裂が起きる。中性子が四個出ます。そうやって、核分裂のたびに、中性子の数が二、四、八、一六になり、要するに倍々ゲームで増えていくんですね。これが連鎖反応です。まさに連鎖的にエネルギーが増え、制御しなければ巨大な爆発が起きて、原爆になるわけです。

もうひとつ、核融合というものがあります。これは核分裂の逆の方法でエネルギーを取り出す仕組みです。人類はいま、核融合炉を作ろうとしています。核融合炉では、小さい水素や重水素を融合する。小さい核が融合して大きい核になったときにも、エネルギーが出るんですね。太陽や星の内部では、まさに核融合反応が起きています。太陽の一番のエネルギー源は水素で、水素同士が融合することにより、もっと重い核になる。その際にエネルギーが出るのです。そして、水素を燃やし尽くすと今度はヘリウムを燃やしはじめます。だんだんと重い核を燃やしていくんですね。ヘリウムを燃やし始めた時点で「ヘリウムフラッシュ」という制御がきかない状態になり、星が爆発するときもあります。また、元素を融合させて少しずつエネルギーを使っていくケースもあり、その場合、最後は炭素なども燃やして鉄になります。鉄になると燃料としては使えません。鉄はエネルギーがもっとも低い安定した元素なので、それ以上は融合しないんです。

宇宙で最初にできた星々（ファーストスター）も、燃料は水素だけしかありませんでした。それが、エネルギーを使い尽くして超新星爆発を起こしました。太陽の三〇倍以上の質量があるファーストスターが、燃料を使い切った。内側からもうエネルギーが出てこない星は、自分の重力で縮んで爆発するんですね。それが超新星爆発です。超新星爆発により、星の中の様々な元素が宇宙に飛び散り、それがまた集まって別の星ができる。そうすると、第二世代、第三世代の星は、重い元素も含むわけです。

太陽はあと五十億年もすると、燃料を燃やし尽くすでしょう。つまり核融合が終わる。しかし、**太陽は超新星爆発を起こす程質量が重くないので、どんどん大きくなり、赤色巨星というものになります。**

そうすると、水星と金星などは飲み込まれますが、その過程で様々な物質が周囲に出ていって太陽は軽くなるので軌道が広がり、地球や火星は、焼き尽くされるエリアには入りません。ただ、地球の地上にいたら、灼熱《しゃくねつ》地獄になるくらいの熱さにはなるでしょうね。

さて、核融合の話に戻りましょう。

核融合も「$E=mc^2$」が原理でした。そして、水素爆弾は実は「核融合爆弾」です。原爆プラス核融合の仕組みが入っているので、出てくるエネルギーものすごく大きい。

このように、物理学者が手がけているものは、原爆、水爆など普通の人たちが理解できないような、そして人類の手に負えないような、地球を破壊してしまうぐらいの威力を持っています。

物理学者には一昔前の錬金術師《れんきんじゅつし》のようなイメージがありますね。実験室にこもって、フラスコの中で怪しい液体をグツグツ煮ている。あるいは、人間や金《きん》を実験で作りだそうとしている、つまり、魔術を使っているのではないかというイメージです。

それが、物理学者の怖さにつながるように思います。なにしろ、都市を丸ごと破壊する程のエネルギーを取り出す方法を知っている人種なのです。また、文系の人からすると、数字と専門用語を使って、まったく言葉として理解できないものを操っているのも怖いのだと思います。

科学者は常識が苦手?

もうひとつ重要なのは、物理学者の中には、社会規範や常識がない人「も」いることです。彼らは秀才だから、ずっと学校という閉じた世界に所属しています。つまり、実社会に出たことがない。もちろん、会社に入ってエンジニアなどの仕事をして大学に戻る人もいます。そういった人は、社会人として鍛えられているので人格的にはまろやかになるでしょう(ならない場合もありますが)。

でも、そうではない学者も大勢います。生まれてから幼稚園以降はずっと学校の中で生きてきたのです。生涯学校に通っているわけだから、これは普通の人の感覚からすると、相当に奇妙なことです。

要するに世間知らずなので、彼らは戦争のときなどに世慣れした人々にうまく利用されてしまうんです。たとえば、アメリカのマンハッタン計画で原爆を開発した物理学者たち。彼らの大半は、自分たちが作った原爆が同じ人間に対して使用されるとは思ってもいませんでした。

マンハッタン計画に参加した物理学者たちは、間接的に何十万という人々を殺したわけですが、事前にそれが想像できないんですね。個人としては、家族を大切にしていたり、ヒューマニストであるわけですが、**「研究」が実社会に及ぼす影響の大きさがわからず、大量破壊兵器をつくってしまった。**

「君たちが開発したこの爆弾を日本に落とすんだ」と事前に伝えていたら、参加しない物理学者も大勢いたでしょう。しかし、彼らは政治家や軍人に「あくまでも実験結果により敵国を怖がらせて、戦争を終結に導くためのものだ」と言われて、コロっとだまされたのです。

マンハッタン計画に利用された科学者

原爆の開発プロジェクト「マンハッタン計画」に参加した物理学者の一人に、デヴィッド・ボームがいます。この人は、計画に参加させられた悲劇の物理学者で、原爆と水爆の開発に携わったオッペンハイマーという非常に有名な物理学者の弟子です。

デヴィッド・ボームは、大学時代に社会主義、共産主義の活動家でした。学生運動をしていたので、思想的に問題があるとされて当初は計画に参加できませんでした。

ところが、ボームの物理論文には、「マンハッタン計画」にどうしても必要な成果が含まれていました。そのため、ボームはいやおうなしに「マンハッタン計画」

に参加させられることになります。ただ、悲劇であるのは、彼の博士論文は、トップシークレットになってしまい、軍事転用されて国家機密扱いになったことです。自分の研究成果を口外できない。これは研究者としては辛いですね。

そして、第二次世界大戦終結後に冷戦が始まります。一九四九年頃のアメリカでは、マッカーシズム、すなわち共産主義者や自由主義者への弾圧――いわゆる「赤狩り」がありました。ボームは、過去の学生運動のことを疑われて反アメリカ活動委員会に召致されます。日本でいえば国会召致《しょうち》のようなものです。

ここでボームは黙秘権を行使しました。その結果、一九五〇年には逮捕されてしまいます。一九五一年五月には無罪放免になりますが、この事件が原因でプリンストン大学の助教授の座を追われました。なんだか、異端審問にかけられたガリレオみたいですね。いや、実際、**アメリカの赤狩りは、現代における異端審問**以外のなにものでもありません。

ボームの才能を惜しんだアインシュタインが、助手としてプリンストン大学で雇えないかと大学に交渉しましたが、大学側は首を縦に振らずボームは失業します。

彼は、やむをえずブラジルのサンパウロ大学に移りました。赤狩り当時の社会の状況は、現在からすると本当にわかりにくいですが、まさに中世の魔女狩りみたいなものです。だから、いったん烙印《らくいん》を押されると、公的な大学にはもう勤めることができない。

ボームは、アメリカからブラジルに行くときにパスポートを没収されています。要するにもう帰ってくるなということで、これは事実上の国外追放です。

彼はその後イスラエルに移り、結婚しました。そして、イギリスのブリストル大学に在籍して「アハラノフ＝ボーム効果」という、画期的な量子論の業績をあげています。これひとつだけでもノーベル賞に匹敵するような業績ですが、おそらく政治的なレッテルも影響して、受賞はかないませんでした。

晩年のボームは、科学技術批判をしています。**技術は平和的にも利用されるけれども破壊にも使われている**。トラブルの原因は人間の「思考」にあると述べています。人間が考えること・思考こそが元凶だというわけです。その証拠に、人間のように言葉を使って考えない動物は、殺りく兵器を作らない。ダライ・ラマなど様々な人との対話を通じて、平和ということをずっと考えていく。数奇な運命を背負った物理学者が最後に到達した、ひとつの境地が平和運動でした。

原爆が開いたパンドラの匣

アインシュタインも晩年は平和運動に力を注いでいます。彼は、「$E=mc^2$」という数式を自分が発見したということだけではなくて、ルーズベルト大統領へ出した手紙にも署名をしています。

手紙はナチスドイツが原爆を開発しようとしており、「アメリカが手をこまねいていたら、ナチスが世界を支配してしまう。アメリカは原爆を開発すべきだ」という内容です。その手紙だけで、ルーズベルト大統領が原爆の開発にゴーサインを出したわけではないのでしょうが、非常に影響力があるアインシュタインが署名をした意味は大きいといわざるをえません。

彼はユダヤ人なので、一九三三年にドイツを追われているわけです。ナチスドイツが台頭してきて身辺に危険が及び、ベルリン大学の教授を辞めてアメリカに亡命しました。そういった過去があるので、ナチスに強い脅威を感じていました。

そういう理由があるにせよ、結果的にはその署名が、広島と長崎で亡くなった数十万の方々の運命を決めたかもしれないわけです。アインシュタインは、戦後は哲学者のラッセルと一緒に共同宣言を出して、平和運動を始めました。

　原爆が開いたパンドラの匣《はこ》は、とてつもなく大きい。実際にそれを作ってしまった物理学者たちも、自分たちがやってしまったことの大きさに恐れ戦《おのの》いた。個人としては、よき父・よき夫であった人々の研究が結果として悲劇をもたらしたのです。

　ただ、残念なことにその教訓は生かされていません。**冷戦の最中に水爆が開発されましたし、現在も全世界には恐ろしい数のミサイルがある。**地球を何度も破壊してなおかつ余ってしまうぐらいの核兵器があります。

　人間の不安感――アメリカからすればソビエトにやられる。ソビエトからするとアメリカにやられるという恐怖感――に駆りたてられて、物理学者たちを動員して、原爆よりさらに大きな破壊力を持つ兵器を作り続けたわけです。

スターリンと悲劇の科学者

　もうひとつの例を見ていきましょう。ロシアの有名な物理学者ランダウのケースです。科学者はなぜ兵器作りに参加してしまうのかというひとつの例です。

　レフ・ランダウ。彼は一九六二年度のノーベル物理学賞を受賞しています。科学の世界では有名な『物理学教程《きょうてい》』という教科書の執筆者でもあります。

彼は一九三八年に同僚とともに逮捕されました。理由は、当時ソビエトを支配していたスターリンを批判するビラを作ったからです。主犯ではありませんでしたが、同僚たち数名と、「ソビエトは独裁体制で悪い方向に向かっている」という内容の告発をしました。当時のソビエトでは、拘束《こうそく》されて下手をすると死刑になるくらい危ない行為です。

彼は一九〇八年生まれなので、当時三十歳頃。新進気鋭の物理学者だったわけです。研究所の所長だったカピッツァという人がランダウの才能を高く評価しており、なおかつ政治力がある人だったのでうまく立ち回り、一年間でランダウの釈放にこぎつけました。

以上の経緯から、ランダウは一九四〇年代から五〇年代にかけてのソ連の原爆・水爆の開発プロジェクトに参加します。彼自身は不本意でしたが、投獄された経験があり、当局から睨《にら》まれているので、もしここで拒否したら、今度こそ銃殺されるかもしれないと思い、彼は仕事を引き受けました。

その結果、ランダウが考案したコンピューターによる数値計算により、水爆の爆発の威力を正確に見積もることができるようになりました。水爆の開発に大きな貢献をしたわけです。そして、彼は一九四九年と五三年の二回にわたって「スターリン賞」を受賞し、一九五四年には「社会主義労働英雄」という称号をもらっています。

当時のソビエトでは大変な名誉で、日本なら勲《くん》一等をもらうようなものですね。かくして、**国家反逆罪で死刑になるかもしれなかったはずのランダウは、水爆の開発に貢献して、ソビエトの英雄になった。**なんとも皮肉な話です。

権力の前に、一科学者というのはやはり弱いものです。それは仕方がないことだと思います。命がなくなったらそれで終わりだし、家族に危害が及ぶと脅かされたら、多くの人は逆らえないでしょう。可能であればボームのように亡命することができますが、ランダウの場合は亡命すらできない状況だったわけです。

ランダウは自動車事故により頭部に重傷を負い、一九六八年にモスクワで亡くなりました。真相はわかりませんが、旧共産圏の自動車事故は暗殺の場合もありますから、怪しいものです。

こうなると物理学者が怖いのか、国家体制が怖いのか、わからなくなってきますね。

権力に近づきすぎたガリレオ

ガリレオはお世辞が上手？

世界的に有名な物理学者ガリレオ・ガリレイ。彼は、実は怖いところがある人物です。彼が地動説を主張したために裁判にかけられ、「それでも地球は回る」と語ったエピソードは有名ですが、実はそんな発言の証拠はまったくありません。おそらく、後世の創作だと思います。異端審問の裁判で捨て台詞《ぜりふ》を吐いたら、大変なことになるでしょう。

ガリレオは、貧しい家に生まれながらも大出世を遂げた人物です。当時の科学者としてはこれ以上望めない程の出世をしている、非常に才能に恵まれた人物だったんですね。

ガリレオは、キリスト教と戦った人物というようなイメージがあるかもしれませんが、そんなことはありません。終生、敬虔《けいけん》なカトリック教徒でした。

異端審問以前に、彼の研究業績はヨーロッパで話題になり、時代の寵児《ちょうじ》となりました。彼は、社交界の貴族やローマ法王庁の重鎮たちと友人になっています。そつのない人でお世辞も上手な人でした。ガリレオの大きな業績のひとつですが、彼は望遠鏡を作って月を観察して、月の表面のクレーターを発見しました。それから、木星に衛星があることも発見した。これはガリレオ衛星といわれています。

この衛星を発見したときに、彼は「メディチの星」という名前をつけています。メディチ家はフィレンツェを支配した名家で、ルネサンス期のパトロンとして知られています。ガリレオの生まれ故郷が、メディチ家の大公国になっていたんですね。トスカーナ大公国といいます。彼は、故郷で一番の権力者の名前を星につけました。その効果もあり、宮廷のお抱え哲学者の称号をもらいます。

現在でいえば、世界的な大企業を持ち上げて、それによっていきなり研究所の所長にしてもらうようなものですね。つまり、ガリレオは、出世のためには平気でお世辞が言える人でした。強きを助けて弱きをくじくタイプの人で、ちょっと嫌な奴だったんです（笑）。

ガリレオは、目立ちたがり屋で、とても頭のいい人なので、あっという間に出世をしていきます。当然、反宗教なんていうことは全然ない。

そもそも、当時の状況は、現代の人々の抱いている「科学」というイメージからは、かけ離れています。**現代人が抱いている科学という概念は、十八世紀のフランス革命前夜に出てきたもので、それ以前、科学は哲学の一分野にすぎませんでした。**

ヨーロッパの学問において、神学と哲学はとても重要です。その哲学の一環として、自然哲学がある。自然哲学が現在でいうところの科学です。その目的は、ガリレオ自身がパトロンの奥さん宛ての手紙に書いた「自然界というのは神様の言葉であり、自然法則は神様が書いたものであり、神様が作った世界の秘密を紐解《ひもと》くのが、自分の仕事」ということに尽きると思います。

それでは、ガリレオはなぜ裁判にかけられたのかというと、直接の理由は『天文対話』を出版して、地動説を唱えたからです。ただし、ガリレオは神を冒瀆《ぼうとく》したわけでも、神様を否定したわけでもありません。当時は、無神論を唱えたらすぐに死刑ですから。

ガリレオの裁判の真実

ガリレオの裁判は二回にわたって行なわれました。

（順序が逆になりますが）まずは第二次裁判から見ていきましょう。第二次裁判で有罪宣告を受けたガリレオは、コペルニクス説（地動説）についてはもうこれ以上話してはならないとして、軟禁されるわけです。軟禁といっても、ガリレオの友達の貴族の家に預けられただけです。形式的にそのように罰する必要があった。

それはなぜか。コペルニクス説を流布《るふ》させたこともありますが、本当の理由は、**神聖ローマ帝国とローマ法王の争い**です。神聖ローマ帝国の出先機関であり、ガリレオのパトロンであるトスカーナ大公国は、当時ローマ法王庁と微妙な関係にあったんですね。そういう政治状況の下で、老いたガリレオを見せしめ的に裁判にかけたのです。

そのときの法王はガリレオの親友だったので、ガリレオ本人は、いざというときには法王が助けてくれると思っていたにちがいありません。そこはガリレオの読みが甘かったところです。

ただ、友人であった法王がガリレオを助けなかったとはいっても、死刑にされているわけでもなく、友人貴族の家に預けられただけで、その後は自分の別荘に戻ることも許されています。

大騒ぎした裁判のわりには非常に甘い処分です。トスカーナ大公国に対しての見せしめにすぎなくて、**そこには宗教と科学の戦いというような、現代人が抱くイメージはありません。**

科学と宗教の対立は存在しなかった

第二次裁判で有罪の決め手となったのが、「コペルニクス説についてはもう話さない」という第一次裁判の宣誓書に違反したことでした。その宣誓書は、現在もローマ法王庁に残っています。ただ、奇妙なことに宣誓書にガリレオの署名はありません。

様々な説がありますが、研究者の中には、「そもそも第一次裁判は存在すらしなかった」という人もいます。第二次裁判のときに、関係者の多くが亡くなっていたので、でっち上げたという説です。

もうひとつは、「形式的には第一次裁判はあったけれど、ガリレオの署名を求めてはいない」という説。つまり、訴えた側を納得させるために「ガリレオは宣誓書に署名した」ということにしたという説です。第一次裁判の裁判長は、ベラルミーノ枢《すう》機《き》卿《けい》というガリレオの親友でした。だから「ある教会関係者がおまえを妬《ねた》んで異端審問所に訴えてきた。私は異端審問所の所長だから受理せざるをえないけれど、署名をしたことにして適当に処理しておくよ」というような筋書きだった可能性です。

ガリレオは世故《せこ》にたけた人間なので、反対派の脅威があることは認識していました。異端審問所所長のベラルミーノ枢機卿に「ガリレオは何の罪も問われていません」と一筆書いてくれとお願いして、それを保管しておいたわけです。

しかし、そのベラルミーノ枢機卿の覚え書きを第二次裁判の証拠として提出したにもかかわらず、その書簡は証拠として採用されずに、第一次裁判のガリレオの署名のない宣誓書が採用されました。つまり、第二次裁判は始めから結論ありきで、形式的ではありますが、ガリレオを罰することは決まっていたようです。

第一次裁判の後、コペルニクスの『天球の回転について』という本は禁書《きんしょ》目録に入りました。ただし、それも本当にわずかな修正で、断定している箇所を「その可能性がある」というような内容にして、また出版が許可されています。

当時の教会が、やっきになって地動説を封じ込めようとしていたとか、そんな事実はまったくないんです。つまり、後世でいわれているような「科学的な真理」対「頑迷《がんめい》な宗教」というような図式は、そもそも存在すらしていませんでした。

学校で教わるのはウソの科学史？

要するにガリレオという、権力に近づきすぎた科学者が、晩年にトラブルに巻き込まれたという程度の話です。

むしろ怖いのは、ローマ教会ではなくて、ウソの科学史を我々が教わっていることでしょう。偉人の伝記でそういう内容が流布している理由は、十八世紀以降のフランス啓蒙《けいもう》主義とフランス革命に関係しています。

フランス革命は、「カトリック教会による信仰や絶対王政などの古い体制はもうやめて全て新しくしよう。これからは科学を信じて人類を発展させていこう」という進歩主義を生みました。進歩主義は現在にいたるまで続いている、人間を重視する考え方です。

そういう視点から過去を振り返ったときに、過去にも宗教と戦った科学者のような人がいたよね、という話になったわけです。

「あ、コペルニクスは迫害されたみたいだ」

「ガリレオもそうだね」

こうして、科学のために殉《じゅん》じた人のように扱われるわけです。繰り返しになりますが、十八世紀以前には（現代的な意味での）科学という概念はありません。**我々はみな、いわばウソの科学史を教わっているんです。**科学史の専門家は非常に数が少なくて、大学の理学部や工学部でも科学史は必修ではありません。ですから、**科学者やエンジニアのほとんどは、自分の分野の本当の歴史を知らない**のです。科学者が自分の分野の歴史を知らないというのも、怖い話だと思うのですが……。

番外編

兵器、擬似科学エトセトラ

天から鉄槌が降ってくる

アメリカが開発している新兵器

インターネットの掲示板でアメリカ軍が開発している「神の杖《つえ》」という宇宙兵器が話題になっていました。情報源は「中国網（チャイナネット）」。これは中華人民共和国国務院直属の中国外文出版発行事業局が管理・運営するニュースサイトだそうです。サイトを覗くと、たしかに「神の杖」のニュースがありました（「中国網日本語版〈チャイナネット〉」二〇一二年二月二十九日）。中身をまとめると、こんな感じになります。

アメリカが開発している「神の杖」は、高度一〇〇〇キロメートルの宇宙空間に浮かぶ発射台から、直径三〇センチ、長さ約六メートル、重さ一〇〇キログラムの金属棒を地上に向けて「落とす」計画。金属棒には小型推進ロケットが搭載《とうさい》され、材質はチタンもしくはウラン。衛星により誘導され、地球のあらゆる場所を狙うことができる。

棒の落下速度は時速一万キロを超えるため、核兵器に匹敵する破壊力をもつ。また、爆弾ではなく「棒」であるため、地中の奥深くまで突き刺さり、地下数百メートルにある軍事施設も破壊することが可能だ。命中率も高く、ミサイルのように迎撃するのも難しく、電波も出さないため、事実上、防御は不可能と思われる。

これまでは空から降ってくるものとして想像できるのは、ミサイルや、せいぜいレーザー兵器くらいでしたが、地球上どこでも、地下数百メートルまで破壊できるとなると、神というよりは「悪魔の杖」というネーミングのほうがしっくりくるのではないでしょうか。

神の杖のアイディアは、SF作家のジェリー・パーネルが、ボーイング社に勤めていた一九五〇年代に思いついたとされています。その後、二〇〇三年に米空軍の報告書に詳細なスペックが載り、現実味を帯びてきます。もしかして、実用段階に入ったことを中国が察知して、今回の報道となったのでしょうか？　でも、うがった見方をすれば、このアイディアはあくまでもSFレベルの話であり、中国による情報攪乱《かくらん》の可能性も否定できません。

ツイッターが理由で強制送還

アメリカの軍事「兵器」といえば、二〇一二年初頭に、ツイッターでアメリカについて呟《つぶや》いたイギリス人カップルが、アメリカに入国できずに強制送還される、という事件がありました。問題の呟きは直訳すると「アメリカを破壊してやる」となりますが、破壊（destroy）はイギリスの若者言葉で「派手に遊ぶ」というような意味らしいのです。それを文字通り受け取ったアメリカ当局が神経質になって、いたって普通の旅行者を取り調べ、入国を拒否した、というのが真相のようです。

しかし、この話、お馬鹿な若者の呟きとして片付けるわけにはいきません。なぜなら、「どうしてアメリカ当局は、何の変哲《へんてつ》もない一イギリス市民の呟きを知っていたのか」という疑問が残るからです。

エシュロンという地球規模のインターネット傍受網が存在し、アメリカと一部の同盟国（イギリスやオーストラリア）が共同で運用している、という話があります。

もはや誰でも知っていることですが、そのようなスパイ網が本当に存在するのかどうか、**公式には情報が一切ありません。**

イギリスの若者がウキウキして呟いた言葉。アメリカ当局は、エシュロンを通じて情報を察知し、空港で捕捉《ほそく》したのでしょうか。それとも、他のなんらかの方法でこの「テロリストの可能性のある人物」を特定したのでしょうか。

日常会話をどこかの軍事組織に傍受され、頭の上からは常に「神の杖」に狙われているとしたら、怖いどころの話じゃありません。しかも、その真相を知る方法すら存在しないのです……。

『天使と悪魔』にも登場した反物質爆弾

桁外れの威力の爆弾

『天使と悪魔』（ダン・ブラウン著）という大ヒットした映画・小説があります。あの作品では、反物質爆弾が出てきました。「反物質」とは、物質と電荷が反対なもののことです。たとえば、電子は電荷がマイナスです。それに対して、プラスの電荷を持った電子のことを陽電子といいます。反電子といえばもっと意味がわかりやすいかもしれません。同じように陽子の反対は反陽子といいます。

物質と反物質は、ぶつかると両方とも消えてしまいます。大部分は光になりますが、残りがエネルギーになって爆発する。だから爆弾にできるんです。

もしも、私が反物質の塊を持っていたとします。それを、ガラスに入れて真空中に隔離しておいて、その真空ガラスを割ると、物質が反応して爆発するわけです。爆弾の威力は重さに比例します。「$E=mc^2$」という式がありますね。エネルギーが

「重さ×cの二乗」で、重さに比例する。「c」は光速ですから、キロメートルで表すと三〇万キロメートル毎秒。メートルでいうと、三億メートル毎秒。それを二乗するのだから、係数がとても大きい。その結果、出てくるエネルギーは桁はずれです。すでに述べましたが、核融合や核分裂も「$E=mc^2$」を使っています。核融合や核分裂の前後で重さが減るので、その分がエネルギーとして放出される。この場合は、全ての重さが消えるわけではなく、ほんの一部です。

しかし、**反物質の場合は、物質がぶつかると重さが全部消えるので、ものすごいエネルギーになる**わけです。プラスとマイナスが合わさるとゼロになりますよね？それと同じで、粒子と反粒子がぶつかると重さがゼロになるのですね。でも、単にゼロになるのではなく、全てがエネルギーに転換されるのです。

『天使と悪魔』みたいに、爆弾で使うことはおそらく可能ですが、それを作るためには、大がかりな国際協力や国家プロジェクトで反物質を作らないと実現できないでしょう。となると、テロリストが、大きな研究所から「盗む」というシナリオがもっともありうるわけです。反物質の管理は、放射性物質よりも厳重にしてもらわないといけませんね。

血液型性格判断のウソ

血液型性格判断が好きな日本人

血液型占いや性格判断の話を信じている人は多いのではないでしょうか。日本、韓国、台湾では当然のように信じられていますが、アメリカやヨーロッパでは血液型による性格判断は（ほとんど）ありません。科学的根拠に関しては、ほぼないと断定できます。

血液型を決めているのは、赤血球の表面にある、鎖《くさり》状の糖の末端です。いわゆるＡＢＯ型の血液型の発見により、オーストリアのカール・ラントシュタイナー博士は、一九三〇年度のノーベル生理学・医学賞を受賞しています。血液型はれっきとした科学のお話ですが、**赤血球の表面の糖鎖《とうさ》が、なぜ性格に影響を与える脳の「配線」に関連するのか**。ちょっと理解できないことではありますね。

科学的な根拠はないという前提で、ひとつの遊びとして使うのであれば構わないのですが、それが社会差別につながるとなると、きわめて怖いことであり、あってはならないことです。日本では、入社しようとすると血液型を訊《たず》ねる会社があるそうです。B型だと「協調性がない」とされ、採用が見送られることもあるとか（笑）。いや、笑い話ではなく、非科学的な迷信が社会差別に使われているとしたら、本当に怖いのです。だって、たくさんの人間の運命を変えてしまうのですから。

ただ、信じている人は多くて「血液型による性格差はない」と伝えても「経験的にあると思う」という返答になりがちです。

それは、そういう偏《かたよ》った情報の取り方をして、自分を納得させているのだと思うんです。朝のテレビで放送されている「今日の運勢」とか「かに座のあなたは○○」というのも同様で、あれは占星術の一種なんですね。

ケプラーの法則で有名なドイツの天文学者ケプラーは予言暦を売り、生計を立てていました。これは、運勢占いみたいなものですね。いまでも生まれた月日によって「運勢」が決まる、という本はベストセラーになるではありませんか。この状況はケプラーの時代から、なんら変わっていません。十六世紀や十七世紀であれば、科学、占星術、錬金術《れんきん》の全てが渾然《こんぜん》一体となっていたので、自然哲学者や占星術師が、同時に天文学みたいな研究をやっていたんですね。現代社会でも同じことが行なわれているというのは、少々問題だと思います。

「科学が絶対に正しい」も怖い

ここはちょっと歯切れが悪いところです。現代では、科学的根拠のない血液型性格判断や星占いがテレビで放映されています。ただし、それを科学者が「あれは非科学的だから、放送するのはやめなさい」というべきかどうかは、意外と難しい問題なのです。というのは、それでは科学至上主義になるからです。**宗教至上主義もまずいように科学至上主義もやはり怖い**。学士院の許可がなければ、放送できない、雑誌に書けないとなると、それは行きすぎた検閲《けんえつ》になってしまいます。

いまでも一部の国では、偉い宗教指導者がいて、テレビや新聞の検閲が当たり前のように行なわれています。また、政府がマスコミを統制している国もあります。自由主義、民主主義の観点からは、そういった検閲は明らかに健全ではないので、テレビで血液型性格判断をやってもいいと私は思います。ただし、「科学的根拠はありません」という注釈は付けてほしいですね。

表現の自由は、科学的な正しさと相容れないことがあります。もし、そうであっても、表現の自由はある。そうしないと、非常に怖い社会になります。科学的に正しいというのは、**その時代の、その国の科学者たちが正しいと思う真実に過ぎない**からです。

たとえばニュートンの時代は、ニュートンの方程式で全てが予言できると考えられていましたが、ニュートン以降に量子力学が発見されると、ニュートン力学的な計算ではカバーできない部分（不確定性という、どうしても知ることのできない限界）が自然界にはあるということがわかったんですね。

また、この本でも採り上げましたが、科学がロボトミーの悲劇を生み出すこともあったわけです。だから、科学を盲信してはいけない。そして、非科学的なことで人間が不幸になるのも防がなくてはいけない。同時に、そういうことを自由に語る、面白がりながら話すという表現の自由が大切です。

科学が持っている本質的な怖さは、「科学的に正しい」だけが絶対基準になることです。あまりに全てを科学が決めていくようになると、それはそれで怖いわけです。

信じると危ないニセ科学

科学的に聞こえる言葉を疑う

世の中には、科学用語でありながら、まったく別の使われ方をしている怪しい科学用語というものがあります。

たとえば、波動《はどう》という言葉をよく耳にしますね。「波動で体の調子がよくなる」など様々なことが言われますが「波動とはなにか」と尋ねると、多くの人は答えられません。科学的には波動は単なる波の現象です。海の波、空気の振動、あるいは電磁波。これらは全て波動です。ただそれと、一般に流布している「波動エネルギーで体の調子がよくなる」という話は、まったく関係ありません。

量子力学にも波動は登場します。物体は全て量子からできています。量子は、波でもあり粒《つぶ》でもあるようなものです。しかし、人間の健康と関係しているという話は、量子力学において一切ありません。それでも一般の人は「波動」と聞くと、なんとなく科学的なイメージがあるので、信じてしまいがちです。

科学は言葉を厳密に使います。**波動は必ずエネルギーを持っていますが、それが人体と関係があるという知見はありません。**

フリーエネルギーも同様です。無尽蔵に取り出せるエネルギーがあるというような主張をする人たちがいます。フリーエネルギーの「フリー」は「自由」という意味ですから、自由エネルギーと同じかというと、全然ちがうんですね。

自由エネルギーは、れっきとした物理・化学用語です。化学では、様々な種類の自由エネルギーがあります。圧力や温度といった条件が決まると、その枠内で自由に仕事に使えるエネルギーが決まります。それが科学における自由エネルギーであり、**どこからか無尽蔵にエネルギーが湧《わ》いてくるわけではない**のです。

また、真空のエネルギーというものもあります。真空というのは何もない状態ではなくて、物理学的には素粒子が瞬間的に生まれたり、消えたりしています。それを生成と消滅といいます。あるいは別の言葉で言うと零点《ぜろてん》エネルギーです。本来はまったくエネルギーがないはずの、エネルギーの最低の状態でありながら、そこになにかがある。

問題は、その零点エネルギー（真空エネルギー）を取り出して使うことはできないということです。いまだかつて、それに成功した科学者はいません。

ただし、物理学者の中には、いずれこの真空エネルギーを使うことができるだろうと言っている人はいます。**ただ、それはあくまでも仮説にすぎません。**

「フリーエネルギーだから、無尽蔵にエネルギーを取り出せる」と言っている人たちは、そういう単なる仮説を持ってきて商売しようと考えているのかもしれません。惑《まど》わされないようにしたいものです。

それは科学とは関係ない！

また、宇宙全体を膨張させているエネルギーというのがあり、ダークエネルギーと呼ばれています。これも真空のエネルギーです。真空そのものにあるエネルギーにより空間が膨張していく。アインシュタインが発見したものですが、やはり正体不明で、取り出すことには誰も成功していません。

宇宙を膨張させているわけですから、かなりのエネルギーはあると思いますが、正体もはっきりしないし検出できない。だから、エネルギーを取り出して使うことはできません。

そういった漠然としたイメージの総称として、フリーエネルギーという言葉が使われているのだと思います。

教科書に書いてある科学の話はほんの一部なので、私たちが知らない事実が数多くあると一般の人は考えます。**その結果、科学と擬似科学の区別が付きにくくなっています。**

それから「これは科学じゃないんですよ」と言ってくれる本が少ないことも問題ですね。仮にそういう本が出ていても、なかなか読まれません。やはり「フリーエネルギーで〇〇」や「波動は～」という本のほうが売れるんです（笑）。

私は、そういう本を出す人がいてもいいと思います。人をだますのはよくないですが「波動で体がよくなります」と言われて気分がよくなるのであれば、別に根絶する必要はないと思います。ただし、それで高額のお金儲けをすれば立派な詐欺《さぎ》ですから法律で取り締まらなくてはいけません。また、本を書くだけだとしても、「それは科学とは関係ない」ということだけは、はっきり言っておかないといけません。

あとがき

本書のゲラを読んでくれた妻が「怖いのもあるけど、怖くないのもある」と感想を洩らしました。たしかに、「怖さ」は個人的なものです。妻が出してきた例では、「中国で、半身麻痺の女性の脳から体長二三センチメートルの寄生虫が発見される」というニュースが怖いそうです。寄生虫（線虫《せんちゅう》）は、自分が居心地よくなるために、周囲を肉腫《にくしゅ》にしてしまうのだとか（要するに「寝床」をつくっていたんですね）。

また、ツイッターで怖い科学の例を募ったところ、「自分のクローンに人体実験」「iPS細胞の研究」「遺伝子組み換え」「この宇宙が誰かの創作物である可能性」「（科学者が）神になれると思うこと」「脳をいじくる研究」「意識の視覚化」「中性子爆弾」「遠隔操作無人戦闘機」……といったつぶやきをいただきました。やはり、怖さにもいろいろあるようです（フォロワーのみなさん、ありがとうございました）。

私は学校の生物の時間の解剖《かいぼう》が怖かったのですが、ある生物学者によれば、あれほど「美しい」ものはないのだそうです。人間の遺体をプラスチック化して展示する、なんていうのも、美術なのか、医学なのか……考えようによっては、怖いともいえます。

私の友人の生物学者は、動物の脳のどこが反応しているかを知るために、その動物を殺して、脳を薄くスライスして、顕微鏡で覗いています。私はその行為が怖くて仕方ないのです。彼と酒を呑んでいて、気がついたら拘束されて、頭蓋骨《ずがいこつ》を切られて、「君の脳を美しくスライスしてあげるよ……」。いや、妄想が過ぎました。

本書を書き上げて、なんとなく、科学の怖い側面がわかってきた気がしています。同時に、「もっと怖い科学があるのではないか?」と、今回のセレクションに飽き足りない自分がいるのも事実です。

最後になりますが、本書の企画から出版まで面倒をみてくれたPHPエディターズ・グループの田畑博文さんに感謝いたします。読者のみなさま、最後までお読みいただき、ありがとうございました!

竹内　薫

文庫版あとがき

ご安心ください。文庫版まえがきと違って、私の恐怖体験は書きませんので（笑）。

ただ、デジタルの恐怖について追加で一言。

現在、人工知能が次々と人間の知的仕事の領域に入ってきています。アメリカでは、すでに大学を出た人の賃金《ちんぎん》が下げ止まらない異常事態が始まっています。会計士の大量失業、コンビニやスーパーマーケットのレジが無人《むじん》化され、人工知能に変わる……巨大なロシアンルーレットのごとく、「人工知能を導入したので、明日から来ないでいいです」と言われる人が頻出《ひんしゅつ》するでしょう。

デジタル時代の科学の怖さは、これまでとはちょっと違った次元の怖さなのかもしれません。

この本の文庫化にあたり、ＰＨＰ研究所の伊藤雄一郎さんに終始お世話になりました。ここに記して感謝いたします。読者のみなさま、最後までお読みいただき、ありがとうございます。いやぁ、科学ってホントに怖いものだったんですねぇ……。

参考文献

読者にオススメの「怖い」科学本を厳選してご紹介します（網羅的な文献ではありません）。

『子どもの頃の思い出は本物か』（カール・サバー著　越智啓太、雨宮有里、丹藤克也訳　化学同人）
『図説 死刑全書』（マルタン・モネスティエ著　吉田春美、大塚宏子訳　原書房）
『H5N1──強毒性新型インフルエンザウイルス日本上陸のシナリオ』（岡田晴恵著　ダイヤモンド社）
『カラー図解でわかるブラックホール宇宙』（福江純著　サイエンス・アイ新書）
『隠れていた宇宙（上・下）』（ブライアン・グリーン著　竹内薫監修、大田直子訳　早川書房）
『物理学者ランダウ』（佐々木力、山本義隆、桑野隆編訳　みすず書房）

著者紹介
竹内 薫（たけうち・かおる）
1960年、東京生まれ。猫好き科学作家。東京大学理学部物理学科、マギル大学大学院修了。理学博士。科学書執筆のほかに、テレビ番組のコメンテーター、科学番組の司会、講演、出前授業、英語とプログラミングのフリースクール校長（YES International School）など、多彩な活動を繰り広げている。
主な著書に『ゼロから学ぶ量子力学』（講談社）、『宇宙のかけら』（片岡まみこ・絵、青土社）、『面白くて眠れなくなる素粒子』（ＰＨＰエディターズ・グループ）、『コマ大数学科特別集中講座』（ビートたけしとの共著、扶桑社）などがある。http://kaoru.to/

この作品は、2012年６月にＰＨＰエディターズ・グループより刊行されたものを加筆・修正した。

PHP文庫　怖くて眠れなくなる科学

2018年12月17日　第1版第1刷

著　　者　竹内　薫
発行者　後藤淳一
発行所　株式会社PHP研究所
東京本部　〒135-8137　江東区豊洲5-6-52
第四制作部文庫課　☎03-3520-9617(編集)
普及部　☎03-3520-9630(販売)
京都本部　〒601-8411　京都市南区西九条北ノ内町11

PHP INTERFACE　https://www.php.co.jp/
組　　版　株式会社PHPエディターズ・グループ
印刷所
製本所　図書印刷株式会社

ISBN978-4-569-76868-7

PHP文庫好評既刊

「科学の謎」未解決ファイル

宇宙と地球の不思議から迷宮の人体まで

日本博学倶楽部 著

「宇宙の端はどこ？」「女が男より長生きなのはなぜ？」……。宇宙や人体の謎から動植物、古代文明の科学の謎まで、スッキリ解決！

定価 本体五一四円（税別）

PHP文庫好評既刊

面白くて眠れなくなる物理

左巻健男 著

透明人間は実在できる？ 空気の重さはどれくらい？ 氷が手にくっつくのはなぜ？ 身近な話題を入り口に楽しく物理がわかる一冊。

定価 本体六二〇円（税別）